Gerd H. Meyden

Edles Weidwerk

Gerd H. Meyden

Edles **Weidwerk**

Natur bewusst erleben

Leopold Stocker Verlag

Graz – Stuttgart

Umschlaggestaltung: DSR Werbeagentur Rypka GmbH,
8143 Dobl, www.rypka.at
Titelbild: Gerd H. Meyden

Alle Fotos im Innenteil des Buches wurden dem Verlag freundlicherweise vom Autor zur Verfügung gestellt.

Bibliografische Information der Deutschen Nationalbibliothek
Die Deutsche Nationalbibliothek verzeichnet diese Publikation in der Deutschen Nationalbibliographie; detaillierte bibliographische Daten sind im Internet über http://dnb.d-nb.de abrufbar.

Hinweis:
Dieses Buch wurde auf chlorfrei gebleichtem Papier gedruckt. Die zum Schutz vor Verschmutzung verwendete Einschweißfolie ist aus Polyethylen chlor- und schwefelfrei hergestellt. Diese umweltfreundliche Folie verhält sich grundwasserneutral, ist voll recyclingfähig und verbrennt in Müllverbrennungsanlagen völlig ungiftig.

Auf Wunsch senden wir Ihnen gerne kostenlos unser Verlagsverzeichnis zu:
Leopold Stocker Verlag GmbH
Hofgasse 5
Postfach 438
A-8011 Graz
Tel.: +43 (0)316/82 16 36
Fax: +43 (0)316/83 56 12
E-Mail: stocker-verlag@stocker-verlag.com
www.stocker-verlag.com

ISBN 978-3-7020-2043-9

Layout: Ecotext-Verlag Mag. G. Schneeweiß-Arnoldstein, Wien
Repro: DSR Werbeagentur Rypka GmbH, 8143 Dobl

Inhalt

„Jagen ist gesteigertes Leben"

Diesen Ausspruch fand ich vor Jahren in einem Buch des von mir sehr geschätzten Jagdschriftstellers Ludwig Benedikt Freiherr von Cramer-Klett. Das hat meine Empfindungen für die Jagd im Innersten getroffen und bestätigt.

Bin ich auf der Jagd, so höre und sehe ich alles in und aus meiner Umwelt in gesteigertem Maß. Wohin weht der Wind? Was sagt mir der Laut der Vögel?

Das Ziel der Jagd ist es, Beute zu machen. Der Weg zu diesem Ziel erfordert alle Sinne. Er fordert das bewusste Lesen aller Zeichen der Natur.

Das bedeutet für mich gesteigertes Leben.

Vorwort – Ein Buch von der Zeit eines Jägers

Gerd Meyden hat wieder ein wunderbares Buch mit Jagdgeschichten vorgelegt!

Doch wer, in unser alles verkürzenden Zeit, in der sich die Sprachgewalt einer ganzen Generation in Sätzen wie „hey Alter" oder „Chayas klären" zu erschöpfen scheint, wird noch ein Jagdbuch lesen? Wer kann überhaupt noch lesen, wenn bei manchen Einstellungsprüfungen für den öffentlichen Dienst fast die Hälfte der Bewerber – alles Maturanten – im Fach Deutsch scheitert?

Und wir Jäger, die wir unsere Jagdbegeisterung so gerne zeigen? Das jagdliche Erleben, mit all seiner gelegentlichen Mühsal, den uns erwachsenden Hochstimmungen und Niederlagen – suchen wir sie noch in einem Buch? Reicht uns zur Konservierung „unserer" Jagd nicht das Handy, mit dem wir alles festhalten, was uns des Vorzeigens wert erscheint, mit dem wir unsere „Community" weltweit bedienen und Stammtische wie unschuldige Nichtjäger unterhalten wie belästigen?

Gerd Meyden und die Jäger seiner Zeit kamen noch ohne Weitschuss-Seminar und ohne Nachtjagd-Optik aus. Wenn wir so wollen, dann war des Jägers Glück auch dem Umstand geschuldet, dass Handy, Drohne, Laptop und WhatsApp einfach noch nicht erfunden waren. Wenn dem so ist, dann waren weniger wir Jäger „aus anderem Holz" als vielmehr die Zeit mit dem, was sie uns (nicht) bot!

Das Buch reflektiert nicht nur eine Jagd, an der heute die Zeit nagt. Der Autor setzt sich auch mit der Gesellschaft auseinander: mit den letzten Kriegsjahren, mit der Flucht und mit dem Schicksal, als Deutscher unter Deutschen gar nicht willkommen gewesen zu sein. Es zwingt uns damit, gleichermaßen über das Gestern wie auch über das Heute nachzudenken.

Gerd Meydens Weg führt vom alten Ostpreußen auf beschwerlichen Umwegen nach Bayern. Seine eigentliche Jägerjugend – die prägenden Jahre – hatten die in den ersten Nachkriegsjahrzehnten stillen Landschaften südlich Münchens zur Kulisse. Dann eroberte – nicht nur als Jäger – das Allgäu sein Herz. Jagdliche „Gastspiele" führen auch im Buch nach Salzburg, ins Burgenland und bis in die Bergwelt Asiens, in den Altai. Seinen jagdlichen – immer noch andauernden – Ausklang findet der Autor im sanften, unspektakulären Gehügel der Schotterebene hinter München – seine Seele blieb wohl irgendwo im Allgäu hängen.

Gerd Meydens Weg, den er in diesem Buch sprachlich gekonnt beschreibt und der Weg dessen, der dieses Vorwort beisteuert, verliefen nicht parallel, aber sie kreuzten sich vielfach. Des einen Heimat war das alte Ostpreußen, von wo aus ihn das Schicksal schmerzhaft westwärts trieb – in des anderen Heimat. Dem wiederum ist Ostpreußen in späten Jahren zwar nicht zur zweiten Heimat, aber verdammt „lieb" geworden. Beide waren wir – während einer gewichtigen Spanne unseres Lebens – im Allgäu daheim. Es war eine weiland großartige Landschaft, voll Stoff für „grüne Bücher" – egal ob drinnen in den Hochbergen oder draußen in den stillen Mösern. Viel hat sich geändert …

Unsere jagdlichen Wege trennten sich jedoch, schon ehe wir im Allgäu landeten. Gerd Meyden ergriff einen „ordentlichen" Beruf, wurde erfolgreich, was ihm auch ein reiches Jägerleben ermöglichte – nicht nur in der Heimat. Der Beruf ließ ihm zwar für die Jagd nicht übermäßig viel Zeit. Doch obwohl ihm in Summe weniger Zeit für die Jagd zur Verfügung stand – er „durfte" jagen! Der Laudator dieses Werkes machte die Jagd hingegen zum Beruf. Er durfte die ihm vom Leben geschenkte Zeit ganz für die Jagd verwenden, musste sie verwenden. Gerade deshalb hatte er – „en detail" – oft viel weniger Zeit für sie. Doch beide hatten dasselbe Ziel: die Jagd, so wie sie jeder von ihnen zu lieben gelernt hatte, auszukosten und in ihrem Kern zu erhalten. Das Buch soll dabei helfen.

Das Allgäu ist – man kann auch im „Kohlenpott" leben – immer noch eine schöne Landschaft. In erster Linie ist es aber zur unverzichtbaren Kulisse für Millionen Urlauber, für die Massen der Mountainbiker, der Bergwanderer, Skifahrer und „Hobby-Jodler" geworden. Zwischen ihnen sucht der Jäger heute sein Auskommen.

Viel, ganz viel verschwand: Traumhafte Wiesen voller Orchideen, Enzian, Primel und Trollblumen wurden zu trostlosen Fichtenplantagen und Maiseinöden. Stolze Bergwald-Buchen wurden noch Ende der 1980er-Jahre zu Tausenden chemisch und mechanisch geringelt, um Fichten Platz zu machen.

Zeit: Vielleicht stößt dem Leser dieser Einleitung das Wort „Zeit" auf? Gewiss – es steht in fast jedem zweiten Satz. Aber es beschreibt nicht nur mehr oder weniger lange Abschnitte aus Jahren, Tagen und Sekunden, die wir Vergangenheit und Zukunft nennen. Zeit ist es, die in vielfacher Hinsicht – passiv wie aktiv – unser Leben, unsere Gefühle, unsere Hoffnungen bestimmt. Zeit war auch einmal der wichtigste Faktor des Jagens. Viele „Gestrige" fanden ihren Weg zur Jagd mit viel – oft mit sehr viel – Zeit. Das Jägerwerden war oft ein Traum mit zähen Geburtswehen, vom Mitgehen-Dürfen, vom langsamen Hineinwachsen, vielleicht vom Wiederholen der Prüfung. Nach bestandener Prüfung wiederholte sich alles: Das Mitgehen-Dürfen und das langsame Hineinwachsen.

Heute müssen sich die Dinge, die wir tun, lohnen. Man verlangt es sogar von uns. Wer bei der Forstverwaltung einen Pirschbezirk bekommt, der soll „liefern". Früher erregte Misstrauen, wer zu häufig lieferte. Wer heute Jäger wird, beschreitet einen rationalen Weg. Er lädt den Stoff, den er beherrschen soll, via App auf sein Smartphone. Er nimmt sich drei Wochen Zeit, besucht eine Jagdschule und büffelt standardisierte Antworten auf standardisierte Fragen. Mag sein, dass das, was er büffelt, korrekter ist als jenes, das uns früher ein Mentor oder Lehrprinz beibrachte.

Was aber wird bleiben, was wird uns auch dann noch berühren, wenn sich die morsch gewordenen Knochen einmal der aktiven Jagd verweigern? Das frühe, direkte, blutwarme Erleben draußen im Revier oder die perfekte Sammlung an Präparaten und anderen Lehrmitteln während des dreiwöchigen Lehrgangs? Was brennt sich tiefer ein: der erste selbst gesuchte und erlegte „Allerwelts-Rehbock" mit Bescheidenheits-Garantie oder der sich zur bestandenen Jägerprüfung gegönnte „Abschuss" eines weit besseren Bockes irgendwo, unter Führung eines Profis?

Zeit haben und sich Zeit lassen gehörte zum eisernen Kern des Jagens! Das war – auch wenn es als Widerspruch erscheint – vor wenigen Jahrzehnten noch möglich. Der Druck auf den einzelnen Jäger seitens der Behörden war gering und die jagdliche Konkurrenz ebenso. Man war eher alleine, und auch deshalb durfte man sich Zeit lassen. Der störende Einfluss auf die Jagdausübung – direkt wie indirekt – durch Gesellschaft, Landwirtschaft und Verkehr war vergleichsweise bescheiden.

Die Zeit und ihre oft verdammt morsche Moral: Welcher Autor dürfte es heute noch wagen, offen zu gestehen, dass er seinen ersten Hasen oder Rehbock ohne Jagdkarte erlegt hat – vielleicht sogar in fremdem Revier? Eine Mure aus moralsaurer, absolut tödlicher Heuchelei würde ihn verschütten – und doch haben viele von uns genauso angefangen! Große Geister wie Gagern oder Cramer-Klett durften das noch. Dafür mochte damals der Geist der Zeit mehr als eine Mure auslösen, wenn ein Rehbock den falschen Ausweis vorzeigte (siehe „Der Semmelgelbe"). Verständnis für Ausrutscher hatten eher jene, die damals schon reich ernteten, weniger die „Mächtigen".

Und die Jungen, die Gerd Meyden ebenso erreichen will wie der Stocker Verlag – die wichtigste Zielgruppe? Können sie unser Verständnis von Jagd nachvollziehen und Gefallen daran finden? Kann man überhaupt etwas empfinden und überzeugt bejahen, wenn man es gar nicht mehr erleben durfte? Gerd Meyden muss davon ebenso überzeugt sein wie der Stocker Verlag. Der eine hat das Buch mit dem Herzen geschrieben, was ihm trefflich gelang, der andere verlegt es aus Überzeugung.

Heute ist der Leopold Stocker Verlag einer der letzten Verlage, der jagdliche Belletristik pflegt! Er hatte dereinst alle Werke Edmund Müllers herausgebracht – auch der ein ganz großer Allgäuer Jäger und Forstmann. Der Stocker Verlag war auch die verlegerische Heimat Philipp Merans und ehrte vor kurzem Friedrich von Gagerns Werk: Im Leopold Stocker Verlag ist unter der Herausgabe von Gerd Meyden, der ein ebenso großer Bewunderer Friedrich von Gagerns Jagderzählungen ist wie ich, eine Sammlung der besten Geschichten Gagerns erschienen. Dafür sei ihm gedankt!

Bruno Hespeler

Der Hahn vom Granitzl

Das Vorspiel zum eigentlichen Bergjagern hatte stets seinen gleichen stimmungsvollen Ablauf: Die Anreise durchs Salzburger Land, der Heimat meiner Ahnen, die Fahrt über den Radstädter Tauernpass mit meterhohen Schneemauern längs der Straße und sodann frisch hinab in den frühlingshaften Lungau mit grünen Wiesen voll buttergelbem Löwenzahn. Zunächst, wie immer, der obligatorische Antrittsbesuch beim Revierleiter, dem Tierarzt Dr. Noggler in Mariapfarr. Es war stets ein freudiges Wiedersehen mit dem alten Weidmann. Die Praxis voll wunderlicher Instrumente und in Spiritus eingelegter Abnormitäten lag im ersten Stock seiner großen Villa. Die Wände der breiten Stiege dort hinauf waren dicht an dicht bestückt mit Auer- und Spielhahnpräparaten. Alle nur „Schar und Stingl", also kein balzender Vogel auf flechtenbehangenem Ast, sondern nur Brust und Schar der Hahnen mit den weitgespreizten krummen Federn. Dazwischen lugten Mankeiköpfe aus imitierten Felslöchern. Genussvoll nahm ich Stufe um Stufe und ließ die unvergessliche Szenerie wie als Einstimmung auf erhoffte Beute an mir vorbeiziehen.

Eine gute Weile verging mit dem Erzählen, was sich jagdlich in der Zwischenzeit hier und „drauß' in Deutschland" so ereignet hatte. Der „alte Herr", ein Mittfünfziger mit einem markanten, spiegelblanken Charakterkopf war für mich jungen Hupfer mit gerade einmal 22 Jahren eine würdige Person, zu der man ob deren Erfahrung aufschauen konnte.

In den vielen darauffolgenden Jahren, wenn ich zu meinem Antrittsbesuch bei ihm einkehrte, und manchmal draußen ein besonders grausiges Wetter herrschte, gab er mir den unvergesslichen Rat mit: „Na, dees waar nix fir mi. Aans, Bua, muast dir merk'n, 's Jagern muaß oiwei lustig sei!"

Meine Ankunft hatte er bereits Tage zuvor meinem bewährten Pirschführer, dem „Roda-Vota" angekündigt. Zum Glück übersetzte niemand seinen Namen ins holprige Schriftdeutsch: „Rader-Vater." Auch nannte man ihn nach seinem Hausnamen „beim Max" schlicht „da Mox".

Wir hatten in den Jahren zuvor so manchen Pirschgang gemacht, wobei er mir die verschwiegenen Plätze und Steige zeigte, sodass ich auch oft allein zur Gamsjagd gehen konnte. Im Jahr unseres Kennenlernens erlegte ich mit dem rüstigen „Siebz'ger" meinen ersten Spielhahn. Dabei ereignete sich das „Drama" des Verlusts seiner unentbehrlichen Tabakspfeife, seinem „Tschibuk". Das liebe alte Manndl jammerte so herzbrechend um das Lieblingsstück, dass ich nochmals, leider vergeblich suchend, den weiten Aufstieg zum morgendlichen Balzplatz machte. Anderntags kaufte ich ihm in Tamsweg einen neuen Tschibuk mit langem Rohr aus Rosenholz. Unvergesslich, wie das runzelfaltige G'sichtl des Alten vor Glück strahlte. Seitdem hieß dieser Hahn in meiner Erinnerung immer nur der „Tschibuk-Hahn". Und heuer wollte ich mit ihm oben am Granitzl nach dem starken Platzhahn schauen, den ich im Vorherbst beim Gamsjagern bei der Herbstbalz entdeckt hatte.

Dieser Bergrücken, von einzelnen Zirben und Lärchen begrünt, war für Hirsch und Gams ein weiter freier Einstand, wo jede menschliche Annäherung früh, oft allzu früh eräugt wurde. Beerkraut bot reiche Äsung für Birk- und Auerwild. Doch nur selten sah man hier die Großen Hahnen, denn der Adler kam oft schnell und unverhofft über den Grat im Tiefflug herangeschossen.

Der Winter war schneereich zu Ende gegangen. Doch schon der April und die ersten Maitage waren sommerlich warm, und die Sonne ließ hier heroben nur noch ein paar Schneefleckerl übrig. So hoffte ich, der Weg hinauf wäre für die ersten drei- bis vierhundert Höhenmeter schon befahrbar.

Auf dem Weg ins Revier liegt der kleine Weiler mit dem „Mox'n-Hof", dem bäuerlichen Daheim meines alten Jagdfreundes. Wie erhofft, stand er bereits heraußen, wohl mit einer kleinen Arbeit beschäftigt. Aber wie schaute er aus! Noch gebückter als sonst, noch mehr zusammengeschnurrt wie ein alter Apfel war sein liebes G'schau. Traurig hing sein weiß gewordener Schnauzbart herab. Und das Ärgste war – kein Tschibuk klemmte mehr in seinem Mundwinkel.

„Mei, Bua, i moan desmoi muast allans geh'! I bi' neama ganz extra. A klans Schlagerl hob i ghobt, und de Fiaß loss'n a scho aus. 's Jagern is mir a rechter Tschoch". (*eine rechte Plage*)

Er gestand mir, dass er keinen Hahn ausgemacht habe, die Steigerei könne er nun nicht mehr machen. Jetzt erzählte ich ihm von meiner Beobachtung vom Vorjahr und fragte ihn, was er vom Granitzl halte.

„Jo, Bua, des probierst", stimmte er zu. Nur mit dem Hausen in seinem alten, ein wenig talwärts abgerutschten Hütterl, dem „Mox'n Hüttl", gäbe es ein Problem. Von dort aus käme ich nur schwer aufs Granitzl. Am besten wäre es, ich würde droben in der jetzt noch nicht von Almleuten besetzten Granitzlhütte bleiben. Da hätte ich es am Morgen nicht allzu weit zu den vermuteten Balzplätzen.

„Den Schlissl zur Hüttn find'st leicht unterm Brünndl herausd am Treet (*eingezäunter Hüttenvorplatz*). Grod unter a'm *(einem)* großn Stoa. Und hinauffahr'n müssat leicht geh', mit 'm Schnee is neama so arg."

Abschiedwinkend entließ er mich mit vielen guten Wünschen. Zum Trauern, dass nun dieser schöne Abschnitt des gemeinsamen Jagerns vorbei sei, ließ mir meine jubelnde, jugendliche, jagerische Vorfreude keinen Raum.

Und tatsächlich, ich kam ziemlich weit hinauf mit meinem – damals noch nicht geländegängigen – Auto. Doch dann, als eine Schneeg'wahn *(Schneewächte)* die Weiterfahrt endgültig versperrte, buckelte ich den bleischweren Rucksack auf. Denn nun lag ein dreiviertelstundenlanger, schweißtreibender Aufstieg vor mir.

Noch war's früher Nachmittag. Nach kurzem Rucksackausräumen meiner Siebensachen auf den Hüttentisch wollte ich mir den Platz ausgucken, wo hoffentlich das morgendliche Schauspiel stattfinden würde.

Blick ins Lignitztal

Bald war ich an der großen freien Fläche angekommen, wo weit verstreut nur einzelne Lärchen, Latschen und Zirben aufragten. Ein Schneefleck sollte es sein, wo nach meiner Erfahrung sich die Hahnen mit ihrem Schauspiel den Hennen präsentierten. Doch welcher Schneefleck könnte es sein? Es gab hier noch im weiten Rund deren etliche. Ich musste es meinem Glück überlassen und zumindest am kommenden Morgen schauen, wo ich eine Chance hätte. Mit der Büchsflinte hätte ich dazu auch die Möglichkeit mit der Kugel ein wenig weiter hinzulangen. Vorsorglich hatte ich meine 7x57 mit Vollmantelkugeln präzise eingeschossen.

Neben einem kleinen Felsköpferl richtete ich mir so etwas wie einen Schirm her, von dem aus ich, halbwegs verborgen, das Balzgeschehen beobachten könnte. Zum nächsten, etwas größeren Schneefleck war es einen knappen Kugelschuss weit. Bis zum letzten Licht blieb ich dort hocken, schaute den Gams zu, die unterhalb von meinem Platz ästen, und erst als der junge Mond mit schmaler Sichel über den östlichen Bergkamm herüberschaute, war ich am Rückweg zur Hütte.

Zu allererst eingeheizt, dass die Herdplatte glühte. Die klamme Winterkälte wollte vertrieben sein. Als ich meine Herrlichkeiten aus dem Rucksack auf dem Tisch sortierte, rührte mich ein Schreck. Butter, Brot, Äpfel, Schokolad', zwei Flaschen Wein, an alles hatte ich gedacht, nur... den Lungauer Speck, den ich mir wie immer in Mariapfarr kaufen wollte, den hatte ich vor lauter Vorfreude vergessen. Verflixt! Nun ja, verhungern würde ich wohl nicht, doch schätze ich ein gemütliches Hüttenleben über alles. Und dazu passt halt eine g'hörige Brotzeit.

Als Abendlektüre hatte ich das Büchlein von Max Speiser dabei. Er war in den Jahren um 1900 Berufsjäger in den Allgäuer Alpen bei Oberstdorf. Anschaulich, lehrreich und absolut ehrlich schreibt er tagebuchmäßig über seine Erlebnisse im Berg. In einem Kapitel erzählt er, dass er in seinem Leben über hundert Spielhahnen geschossen hat. Und das als Berufsjäger! Doch das nimmt sich geradezu bescheiden aus, gegenüber der Strecke von 830 Auerhahnen und 170 Spielhahnen des Prinzen Leopold von Bayern. Solche jagdlichen Vielfraße müssten in der heutigen Zeit verhungern.

In Gedanken über die seitdem veränderte Umwelt schlief ich ein. Einen Wecker brauchte ich nicht. In den Nächten der ersten Jagdtage ist mein Schlaf stets hauchfein wie bei einem Mäuserl. Jede Stunde spähte ich auf meine Uhr. So war ich bereits um zwei Uhr auf den Läufen. Der neue Mond war längst über die Nockberge herabgesunken, er hätte mir auch zu wenig Licht gespendet, und so musste ich mir mit der Taschenlampe den Weg hinab erfunzeln. Das Sternenlicht war bei all seiner Pracht in dieser staubfreien Luft fürs Bergsteigen nicht ausreichend. Die Milchstraße gleißte als breites Band über mir. Kein Streulicht irgendwelcher entfernten Lichtquellen störte ihr reines Strahlen. Zum Glück war der Himmel wolkenlos, sonst wäre es wirklich „kuhranzennacht“ oder auch „schwarz wie im Bärenarsch“ gewesen.

Stunde um Stunde verrann. Nur ab und zu ein Ruf der Waldkäuze vom talwärts liegenden Wald. Irgendwo schreckte ein Reh. Ansonsten umhüllte mich eine Stille, wie man sie heutzutag’ nur noch in abgelegenen Gebirgen oder der fernsten Tundra finden kann.

Endlich das allererste Ahnen des Tags. Und kaum, dass die Umrisse der Bäume gut erkennbar wurden, blies ein Hahn.

Wo war er? Und jetzt war schon ein zweiter zu hören. Flattersprünge, Grugeln erzürntes Girren und immer wieder das Blasen „tschhüisch“.

Mit dem Glas suchte ich Schneefleck um Schneefleck ab. Es war noch zu finster. Warten! Aber bald – er war ziemlich weit weg – sah ich den Hahn. Gut hob sich sein Umriss auf der weißen Fläche ab. Nur langsam jetzt, nur die Ruhe! Ich erinnerte mich an meinen ersten, als der Roda mich Ungeduldigen ermahnen musste: „No neet, Bua! Es is no z’noocht!“

Die Entfernung war weit, viel zu weit. Soll ich ihn „herspotten“? So wie mir das der Roda vorgemacht hatte. „Tschhüisch!“ Der Hahn kümmerte sich nicht darum. Noch einmal: „Tschhüisch!“ Ha! Das war schon besser. Jetzt steht er zu! Aber nur bis zum nächsten, glücklicherweise viel näheren Schneefleck.

Das Abkommen im Zielfernrohr stand ruhig auf dem Hahn. Stark erschien er mir, stark mit langem Spiel und breiten Krummen. Am Felsbrocken vor mir angestrichen, die Wollhandschuh’ untergelegt, schnell war die Auflage perfekt für die Büchse hergerichtet.

Auf den Schuss schlittelte er mit gebreiteten Schwingen verendet von seinem Tanzboden ins fahle Lahnergras. Ein paar kleine Federn wehte der Wind über die weiße Fläche. Wie benommen war ich. So ein Glück! Gleich am ersten Morgen! Es war wie im Traum. Nichts hielt mich nun mehr in meinem Versteck. Hinaufgesprungen zu meiner Beute! Den schillernd stahlblauen Hahn an seinen Füßen aus dem Gras gehoben! Ich traute kaum meinen Augen. Beiderseits fünf lange, breite Krumme. Immer wieder zählte ich nach. Ein kapitaler, alter Hahn. Ich konnte mein Glück kaum fassen. Mein Glück, das Glück des jungen Jägers, der Kinder und der Narren.

Lange saß ich im trockenen Lahnergras, konnte mich an meiner schönen Beute nicht sattsehen. Erst als es heller Tag geworden war, die Vogelstimmen rings umher erwacht waren und im Tal der Kuckuck rief, band ich mir den Hahn auf den Rucksack und stieg zu Hütte hinauf. Das festliche Schmausen war nun zu einem reinen Butterbrotessen geworden, den Speck hatte ich ja verseppelt. Doch bei dem Anblick, der vor mir lag, hätte auch trocken Brot geschmeckt.

Noch etwas fiel mir ein. Heut war ja der 16. Mai. Vor genau zwei Jahren hatte ich mit dem Roda Vota meinen ersten Hahn geschossen und im Jahr darauf, noch in den bayrischen Bergen, meinen ersten Großen Hahn erlegt. Feierlich öffnete ich eine meiner Weinflaschen und erklärte diesen Tag zum „St. Hahnentag“.

Die Jagd war ja nun vorbei, dennoch dachte ich keineswegs an Abstieg. Noch mindestens den nächsten Tag wollte ich hier heroben bleiben. Ein paar Gänge machte ich den Bergrücken entlang, bis die steilen Kare begannen und ich über den Grat den Gams drunten zuschauen konnte, die bei der warmen Witterung im Schatten ruhten. Dabei guckte ich mir einen unglaublich starken Gamsbock aus. Nach dem wollte ich unbedingt im Herbst schauen. Aber – um es vorwegzunehmen – ich sah ihn nie wieder.

Der Abend nahte, das Menü mit Butterbrot lockte herzlich wenig. Doch da hing ja der Hahn. Krähen, Eichelhäher hatte ich auch nie geschossen, um sie dann alle wegzuwerfen. Warum nicht dem Hahn die Brustfilets auslösen? Lange überlegte

Der alte Hahn

ich. Dann jedoch schärfte ich mit meinem Nicker dem Hahn den Balg über dem Brustbein auf, zog vorsichtig die Haut bis zum Schwingenansatz beiseite. Das hatte ich unzählige Male bei Hähern, jungen Krähen und Graureihern gemacht. Dann löste ich mit wenigen Schnitten die Filets heraus. Ein Präparator, so sagte ich mir, würde genauso vorgehen. Dass durch die Vollmantelkugel die Brustfilets durchstanzt waren, machte mir in diesem Fall nichts aus.

Das Auslösen war bald geschafft. Butter hatte ich genügend, und bald brutzelte es köstlich duftend in der Pfanne. Dazu ließ ich mir den mühsam heraufgeschleppten Zweigelt munden. Der Geschmack des scharf angebratenen Fleisches erinnerte ein wenig an würzigen Latschenduft, an Bergkräuter. Und dazu passte hervorragend das ebenfalls in der Pfanne angeröstete Brot. Kein Restaurant auf der ganzen Welt hätte Besseres bieten können.

Den nächsten Tag blieb ich noch auf der Hütte, trieb mich am Berg herum und war sogar in aller Früh' am Balzplatz. Jetzt konnte ich wunschlos glücklich den Hahnen zuschauen, jedoch einen solch starken Hahn erblickte ich nicht unter ihnen. Vielleicht waren jetzt die vom „Alten“ Ausgerauften zurückgekehrt?

Anderntags wurde ich drunten im Tal gebührend bestaunt. Nicht nur wegen des kapitalen Hahns, sondern auch, weil ich seit vielen Jahren der erste war, der es am Granitzl versucht, und zudem eine solche Beute gemacht hatte.

Der Präparator, dem ich den Hahn brachte, wunderte sich über die fehlende Brust, lobte jedoch meinen sauberen Schnitt. Meisterhaft, genau nach meinen Wünschen gelang hernach sein Werk.

So hängt er nun, umrahmt von Gamskrickeln aus dem geliebten Lungauer Revier, an meiner Wand. Nicht als Stillleben, nicht balzend auf flechtenbehangenem Ast, sondern so, wie es mir bei Dr. Noggler so gut gefallen hatte: „Schar und Stingl“.

Der Semmelgelbe

Beim Blättern in alten Dokumenten kam mir ein Brief des Bayerischen Jagdverbands aus dem Jahr 1955 in die Hände. Darin bedankt sich der Vorsitzende, es war damals Wildmeister Scheumann, dafür, dass ich mich immer in selbstloser Weise dem Verband zur Verfügung gestellt habe. Als Mitglied des Bläserkorps war ich jahrelang bayernweit zu allen möglichen jagdlichen Veranstaltungen unterwegs gewesen. Es gab halt damals noch herzlich wenige Bläsergruppen in Bayern, und so wählte man uns zur jeweiligen Umrahmung aller Events der vielen Kreisgruppen. Sehr zum Leidwesen meiner Eltern, deren jagdnarrischer Sohn wegen schulfremder Interessen eine Gymnasiumsklasse wiederholen musste. Ebenso war ich als Hundeführer stets zur Stelle, wenn „Not am Hund" war. Zum Dank hatte man mir einen Bockabschuss der Klasse IIb auf Kosten des Verbands besorgt. Es folgte die Anschrift des Jagdpächters, Herrn Daxl, wohnhaft in München. Ich sollte mich bei dessen Jagdaufseher Hans Wagner im Revier Langenpettenbach melden. Es würde etwa 16 km von Dachau entfernt liegen. Anbei seine Telefonnummer.

Meine Freude war grenzenlos. Hatte ich doch mit 18 Jahren und gerade mal dem zweiten Jugendjagschein noch keine allzu große Rehbockstrecke vorzuweisen. Beim Lesen dieser alten Zeilen ist plötzlich alles wieder gegenwärtig. Und nun sehe ich mich losradeln:

Die Büchsflinte habe ich an die Mittelstange des Radls gebunden und den Rucksack mit den Siebensachen für ein, zwei Tage auf dem Buckel. Die Entfernung von meinem Wohnort bis ins Revier beträgt gut und gern 30–40 km. Zu weit, als dass mein

Kurzhaarrüde Birko nebenher laufen könnte. Enttäuscht blickt er mir nach, als ich fröhlich singend in die Pedale trete.

Zuvor hatte ich den Jagdaufseher Wagner angerufen und ausgemacht, dass ich etwa um 16 Uhr bei ihm sein würde. Nach gut zwei Stunden bin ich am Ziel. Es war doch weiter als gedacht. Bergauf und bergab ging's in der hügeligen Moränenlandschaft des Dachauer Hinterlands, und so bin ich etwas später dran als ausgemacht. Unpünktlichkeit geht mir gegen den Strich. Als ich etwas außer Atem in den Hof hineinradle, kommt der Wagner in blauer Kittelschürze gerade aus seinem Kuhstall. Wie es auf dem Dorf so üblich, duzt er mich gleich. In Bayern sagt man, falls man das förmliche „Sie" ablehnt, ganz einfach „iwaradu" (ich wäre ein du).

„Guat, dass d' endli da bist. Jetz' fahr' mer glei' ins Revier."

Er zeigt mir zuvor noch meine Schlafkammer. Ich darf im Zimmer seines Sohns schlafen, denn der ist in diesem Jahr in Regensburg bei den Domspatzen.

Auf der Fahrt mit seinem alten Opel ins Revier sagt er mir, dass er schon einen passenden IIb-Bock für mich ausgemacht habe. Jetzt will er mir nur den Ansitzplatz zeigen.

„Des Böckerl is a ganz a Pünktlicher. Jed'n Morgen um Schlag sechse kimmt er aus'm Holz vo drob'n her auf des Kleefeld vor'm Hochstand. Es is a ganz a semmelgelber Bock, da brauchst gar nimmer lang schaug'n, der is garnet zum Verwexln. Den kennst glei an der hellen Farb! Er halt si' aber net lang auf. Glei' schiassn, bevor dass er wieder weg is! Wahrscheinli' fircht er si' vor a'm stärkeren Bock."

Eigentlich liebe ich es gar nicht, auf ein quasi „angebundenes" Wild zu jagen. Die ganze Spannung ist dahin. Das jagerische Können ist rein aufs Schießen reduziert. Jedoch, was will ich bei einem „geschenkten Gaul" bemeckern?

Wir stellen das Auto ab, und der Wagner Hans führt mich zum Ansitzplatz. Dabei erzählt er mir, dass der „Herr Dokter (sein Jagdherr) a ganz a Strenger" sei. Wenn irgend ein Stück mit schlechtem Schuss erlegt würde, wäre er „fuxteifiswuid" über die Entwertung des Wildbrets. Und ganz aus wär's, wenn jemand gar einen verkehrten Bock schießen würde, das gäbe einen wahren Weltuntergang.

Die Leiter steht am Waldrand vor einer Wiese, die sich bis zu einem Feldweg hinabsenkt. Jenseitig ansteigend erstreckt sich ein Kleefeld bis hinauf zum Waldrand. Bis dort oben hinauf sind es gut und gern 120 Meter. Ein „zacher" Schuss über Kimme und Korn.

Wir fahren wieder zurück zum Hof, und der Hans empfiehlt mir einen unbewaffneten Abendansitz an einem anderen Platz. Nur so zum Schauen, weil am nächsten Morgen der bestätigte Bock ja schon fast im Rucksack sei.

Nach einem reichlichen Nachtessen im Kreis der Bauernfamilie verziehe ich mich in meine Stube und schlafe traumlos, bis mich vom gegenüberliegenden Stall Eimergeklapper und das Muhen der Kühe wecken. Laut höre ich, wie die Bäuerin ihr Vieh zum Melken anruft: „Auf zu Gott!"

Schnell bin ich fertig, schwinge mich, die Büchsflinte überm Buckel, auf meinen Drahtesel und strampele dem Wald zu.

Nur ein kleiner heller Streifen am Horizont kündet den neuen Tag an. Im schläfrigen Morgendämmern kraxle ich auf meine Leiter. Noch zeigt sich auf Wiese und Klee kein Wild. Doch halt, was ist das? Ein Hase nur, der mir übergroß erscheint und der versonnen seine Morgengräser mümmelt.

Langsam, allzu langsam rücken die Zeiger meiner Uhr auf die sechste Stunde vor. Doch als die Kirchturmuhr die volle Stunde zuerst mit vier Schlägen ankündigt und nun zum Sechsuhrgeläut ansetzt, wird es spannend. Wahrhaftig, genau als der letzte Glockenschlag verklungen ist, taucht droben am Waldrand ein Reh auf. Glas hoch! Tatsächlich, deutlich ist seine helle semmelgelbe Farbe in den ersten Morgensonnenstrahlen zu erkennen. Herrschaftszeiten! Das nenne ich Pünktlichkeit! Da gibt's keinen Zweifel! Er ist's! Der Semmelgelbe! Jetzt darf's kein langes Gucken mehr geben! Schon äugt er nervös um sich. Genau, wie der Wagner Hans gewarnt hatte: „Er halt' si' net lang auf!"

Mit dem Hut unterlegt ruht die Büchse auf der Auflagestange. Teuflisch weit ist es bis da droben, zumal ohne Zielfernrohr. Mein Jagdfieber lässt meinen Herzschlag bis in die Ohren brausen und hämmern. Ich muss es mit altem Trick unterdrücken, indem ich die Nase zuhalte und die Luft presse. Jetzt bin ich ruhiger. Den rechten Ellbogen am Seitenholm aufgelegt! So geht die Mündung ohne Wackler ins Ziel. Eingestochen! Sauber gestrichen Korn genommen! Jetzt gerad' steht der Bock mit erhobenem Haupt breit. Schuss!

Im Knall ist der Semmelgelbe wie vom Blitz erschlagen in den Klee gesunken. Unbändige Freude will meine Brust sprengen. Ha, das habe ich sauber gemacht! Eilgeschwind die Leiter hinunter, ohne – wie gewohnt – noch lange abzuwarten. Die Spannung ist einfach zu groß.

Durch die taunasse Wiese und den Klee bin ich eilgeschwind oben am Waldrand, wo lang hingestreckt meine Beute liegt. Aber als ich mit freudig zitternden Händen das Haupt des Bocks aus dem Klee hebe, umkrallt eine eisige Faust mein Herz. Um Himmels Willen! Das kann, das darf doch nicht wahr sein! Das hier ist ein prachtvoller Zukunftsbock. Ein höchstens dreijähriger Sechser! Mir zittern die Knie. Ich muss mich setzen. Was habe ich da angerichtet! Nur blind auf eine angesagte Farbe vertraut, nicht, wie gelernt, sorgfältig angesprochen. O Schande! Das ist des Weidmanns heiligstes Gebot, was du nicht kennst, schieße nicht tot! Dagegen verstoßen, versündigt!

Wütend über mich packe ich den Bock beim Gehörn, schleife ihn zum Hochstand in den Wald. Verzweifelt muss ich mich setzen. Da, auf den Baumstumpf. Nein, diese Sünde, diese Schmach überlebe ich nicht. Was wird meine Familie sagen? Auch sie ist entehrt, durch mich. Da gibt's nur eines, ich muss mich hier und sofort erschießen! Nimmt man da Schrot oder Kugel? Was ist da weidgerecht?

Diese Überlegung ist die Wende. Innerlich muss ich nun doch ein wenig grinsen über diese wehleidige Panik. Weidgerecht erschießen? Schöner Narr! Mach dich nicht lächerlich! Steh zu deiner Untat! Langsam setzt mein Denken wieder ein.

Als Nächstes heißt's den Bock aufbrechen. Er bekommt den letzten Bissen; den Erlegerbruch versage ich mir. Den habe ich nicht verdient. Als Herz, Leber und Nieren in der Leibeshöhle verstaut sind, hänge ich mir den Bock mit geschränkten Läufen über die eine Schulter, über die andere kommt die Büchse; so radle ich zum Hof hinunter.

Der Wagner Hans schlägt entsetzt die Hände überm Kopf zusammen und findet anfangs kaum Worte. Er ist fassungslos über diesen unglaublichen Frevel. Immerfort jammert er. „O mei, o mei, was wird da der Herr Dokter sagen!? Der wird an schönen Schleim haben!"

Wie betäubt stopfe ich meine Siebensachen in den Rucksack und radle wie von Furien gehetzt nix wie heim. Während der Fahrt überlege ich, wie ich es dem lieben Wildmeister Scheumann beibringe, der sich so für mich eingesetzt hatte.

Daheim hänge ich mich sofort ans Telefon, um ihm die Schandtat zu gestehen. Doch der Gute wusste bereits alles. Der „Herr Dokter" hatte ihn bereits zornbebend informiert. Mich jedoch tröstet der Wildmeister.

„Lernen Sie daraus, aber das ist kein Drama! Wer noch nie einen falschen Bock erlegt hat, der ist noch nie richtig auf die Jagd gegangen."

Albtraum – „live“

Endlich, nach unzähligem Ansitzen, Pirschen und Passen verhofft er in einer Lücke im Hochwald. Der lang gesuchte, der kapitale Hirsch, der nur wie ein Phantom in den Revieren herumgeistert. Die Büchse liegt im Anschlag, das Zielfernrohr sucht, findet das Blatt. Ruhig steht das Fadenkreuz, der Finger ertastet den gestochenen Abzug und krümmt sich langsam zum Schuss. Jetzt wird der Knall die Stille zerreißen, jetzt hab' ich ihn! Aber verflixt, was ist das? Eisern, unverrückbar steht der Abzug! Es ist doch entsichert. Warum geht der Schuss nicht los? Mit aller Kraft den Finger gekrümmt – da zerbricht mit lautem Krach nicht nur der Abzug, auch die Büchse zerfällt in ihre Einzelteile. Der Hirsch ist weg. Aus! Fort! Jagd vorbei!

Schweißgebadet erwache ich aus einem Albtraum. Zum Glück ist's nur ein Traum. Das möchte ich bitte nie wirklich erleben. Es gibt noch die andere Variante, die den Jäger plagen könnte, nämlich, dass die Büchse nur „pfft“ macht und die Kugel mit höhnischem Glucksen aus dem Lauf kollert und kraftlos ins Gras plumpst. Jedes Mal denkt man beim Erwachen „Gott sei Dank, nur ein Traum!“

An so etwas denke ich jedoch nie, wenn's „frisch auf die Jagd hinaus“ geht. Wie in jedem Jahr mache ich auch heuer vor Anfang Mai die üblichen Kontrollschüsse. Eine kleine Korrektur ist fällig, ich nehm's ganz genau – drei Zentimeter Hochschuss auf 100 Meter. Nach drei Schüssen stimmt's perfekt.

Frohgestimmt treffen sich im nahen Staatsforst zweimal pro Woche einige Jagdfreunde zum Ansitz. Nach Absprache mit Jürgen, dem Berufsjäger, kann ich auch an anderen Tagen allein hinaus. Mit meinem Dackel Jockel unterm Arm erklimme ich allabendlich mal diese, mal jene Kanzel. Jedoch wochenlang kein Anblick. Wie sehr ich auch lausche, es ist selten ein Schuss zu hören. Den Kollegen geht's ebenso. Das gehört zur Jagd. Schon Mitte des 19. Jahrhunderts tröstete Franz v. Kobell die erfolglosen Jäger mit dem Gedicht:

„Und wenn es nicht ums Jagen wär,
Als fern vom Stadtgewimmel
Durch Lauben wie sie baut der Wald
Zu schaun den blauen Himmel,
Den Schwätzern aus dem Weg zu gehn
Und keine Narren mehr zu sehn,
Es wär genug der Lust dabei
Zum Lob der Jägerei.“

Die Ansitzstunden sind auch ohne Schuss stets ein Gewinn. Immer gibt's was zu schauen, sei es eine Maus, die über den Weg huscht, oder ein Kleiber, der in der Baumrinde stochert. Aber Sauen, hier eigentlich ein gewohnter Anblick, selbst sie machen sich rar. Von Rot- oder Rehwild ganz zu schweigen. Was ist heuer nur los? Ist's die Unruhe durch die Holzerei, die der enorme Käferbefall notwendig macht? Seit Mitte Januar herrschte Jagdruhe, da denke ich, dass das Wild nun Anfang Mai ein wenig vertrauter wäre. Weder Ansitze am Morgen noch um die Mittagszeit bringen den ersehnten Anblick. Alles was sich bislang – in allerdings für die Büchse unerreichbarer Ferne – zeigt, ist nur ein geringer Jahrling. Fürs Kameraobjektiv hingegen ist's kein Problem. So habe ich wenigstens eine digitale Beute.

So bin ich eines Abends mit meinem Jockel auf dem Heimweg zum fern abgestellten Auto. Da liegt in der Dämmerung ein faustgroßes, dunkles Etwas auf dem Weg. Sofort schnappt der Dackel zu und spuckt es im gleichen Augenblick entsetzt wieder aus. Eine riesengroße Kröte! Er schüttelt sich verekelt, schäumt speichelnd wie ein rauschiger Keiler. Es hat wohl ganz grausig geschmeckt. Noch nach Tagen lässt ihn die Erinnerung abermals schäumen und spucken, wenn wir an dem Platz vorbeikommen. Kröten-Tabu für alle Zeiten.

Nach erfolglosen Wochen herrscht ab Mitte Juni abermals allgemeine Jagdruhe. Außer Has’ und Fuchs, Marder und Dachs hatte ich bislang nichts Jagdbares in Anblick gehabt. Zwar ist der „Beifang“ der kleinen Erlebnisse bunt und wunderschön, doch als Jäger möchte ich irgendwann auch mal greif- oder gar essbare Beute heimtragen.

Bei unbewaffneten Gängen sehe ich zweimal Rehe. Hoffnung kommt auf, also haben noch nicht alle die Republik verlassen, sodass ich den August mit Beginn von Jagd- und Blattzeit herbeisehne.

Endlich zeigt das Kalenderblatt den 1. August. Mit frischen Buchenblättern unterm Hutband und Dackel auf dem Arm besteige ich meine Kanzel. Im Ohr tönt das sehnsüchtig hohle Mahnen meiner Tiefkühltruhe: „Ich fühl’ mich heut so leer!“ Nach einiger Wartezeit lasse ich die Rufe der bedrängten Geiß ins Grüne erklingen. Aber so fein und so dramatisch die Locktöne auch erschallen, sie werden nicht erhört.

Weitere Ansitztage gehen dahin. Eines Abends huscht ein Hase aus dem Jungwuchs neben der Kanzel. Mit wippender Blume hoppelt er den Waldweg entlang. Als ich ihm nachschaue, flitzt genau auf seiner Spur ein Fuchs aus der Dickung und saust in vollem Karacho dem Löffelmann hinterdrein. Der Has’ jedoch zeigt ihm nur kurz, was Tempo sein kann, und bald sehe ich Reineke die Jagd abbrechen. Frustriert, wie sinnierend hockt er auf dem Weg. „Probieren“, denkt er vielleicht, „kann man’s ja.“ Und ebenso wie der Fuchs bin auch ich erfolglos; und das für weitere Tage und Wochen. Die Blattzeit verstreicht ohne den ersehnten Anblick.

Es ist bereits Mitte August. Außer einem Grauspecht, der in nächster Nähe an einem Baum emporklimmt und sich vor dem Fotografieren hinter dem Stamm versteckt, lässt sich immer noch kein Wild erblicken. Heut’ probier ich’s noch ein letztes Mal mit dem Blatten.

Die Sonne versinkt langsam hinter den Randfichten. Plötzlich steht, wie hingezaubert, in der etwa vier Meter breiten Grasschneise ein Bock. Keine 50 Meter weit. Der wahr gewordene rote Traum auf grünem Grund. Wahrhaftig, ich träume nicht! Das Glas zeigt einen recht braven Sechser mit lang vereckten Hinterenden. Breiter Träger, kantige Figur – der passt!

Die Kipplaufbüchse liegt gut gebettet auf der Kanzelbrüstung. Entsichert! Mit leisem Knips gestochen! Das Fadenkreuz steht ruhig handbreit hinterm Blatt. Eigentlich ist der Bock schon im Rucksack. Der Finger berührt das Züngl.

„Knack“, macht der Stecher.

Was ist da los? Ich hab' doch entsichert! Leise die Büchse geöffnet. Patrone ist drin, nicht abgeschlagen. Lautlos die Büchs' geschlossen. Der Bock steht unverwandt. Nochmals gestochen!

„Knack“, macht der Stecher.

Ja, Himmelherrschaftszeiten, verdammte Sauzucht, das gibt's doch nicht! Wieder die Büchse leise geöffnet, geschlossen, gestochen und ins Ziel gegangen.

„Knack“, macht der Stecher.

Jetzt wird's dem Bock zu viel. Weg ist er. Hätte ich auf dem Büchslauf eine Kamera für ein Selfie eingerichtet – wie es sich vielleicht manche für ein Siegerportrait wünschen – so hätte diese ein saudummes Gesicht verewigt. Es sind keine frommen Psalmen, die jetzt stumm meine Lippen bewegen.

Sammeln! Durchschnaufen und beruhigen! Da gehe ich acht volle Wochen ungezählte Male auf die Jagd, sehe nix, höre nix, und wenn sich endlich eine so passende Beute präsentiert – streikt die Büchs'. Jetzt ist er wahr geworden, der „Albtraum live“. Auch ohne „pfft“ statt Schussknall. Nur ein einfaches, höhnisches „Knack!“

Nachdem ich mich ein wenig abgekühlt habe, warte ich noch ein bisserl. Vielleicht kann ich, sollte der Bock wiederkehren, wenigstens mit der Kamera ein paar Schüsse machen. Doch auch ihn hat der Humor verlassen, an diesen „Knackpunkt“ kommt er nicht mehr zurück.

Noch ein wenig dableiben will ich, bis die Stinkwut verraucht ist und so tun, als würde ich den stillen Abend genießen. Als ich endgültig zusammenpacken und abbaumen will, ragt, wie aus dem Nichts emporgewachsen, ein rotbrauner Wildkörper über die hohen Gräser. Das Haupt schnellt empor. Ein Hirsch. Ein Sechser. Ein passendes Dreierhirschl. Schon voll verschlagen. Der wär' recht.

Das ist doch wohl die Höhe! Erst wochenlang nix und jetzt so ein Überangebot. Was wird wohl jetzt noch kommen? Vielleicht ein gehörnter Keiler?

Langsam zieht der Hirsch durch den brusthohen Bewuchs auf mich her. Er verhofft genau an der Stelle, wo vor wenigen Minuten der Bock in den angrenzenden Jungwald schlüpfte. Präsentiert sich breitstehend wie eine Zielscheibe: „So schieß doch!“ Statt dem „Knack“ der Büchse macht nun die Kamera leise „klick“.

Aber höre ich recht, kam da nicht von irgendwoher ein leises, koboldhaftes Kichern? Sollte dieser Anblick mich wohl noch mehr ärgern? Oder versöhnen? Den Frust muss ich hinunterschlucken. Nun gut, so bringe ich wenigstens ein Foto des heimlichen Hirsches mit heim.

Der nächste Morgen sieht mich beim Büchsenmacher. Er schüttelt den Kopf: „Spannfeder gebrochen. Höchst unwahrscheinlich, dass wir da einen Ersatz für eine Scheiring-Kipplaufbüchse haben. Notfalls müssen wir sie nach Ferlach schicken. Das kann ganz schön lange dauern. Wir melden uns.“

Auch das noch! Woher bekomme ich Ersatz? Mein Retter ist Freund Friedl. Großzügig bietet er mir seinen wunderschönen Mannlicher zur Überbrückung an. Eilgeschwind bin ich unterwegs nach Murnau. Bereits am frühen Nachmittag, nach 240 Kilometern Hin- und Rückweg kann ich am heimatlichen Schießstand einen Kontrollschuss machen.

Aufatmend sperre ich die perfekt eingeschossene Büchse in den Waffenschrank, da läutet das Telefon. Der Büchsenmacher:

Nur die Kamera machte klick.

„Sie haben Riesenglück, wir hatten eine passende Spannfeder. Die Büchse ist fertig, Sie können sie abholen.“

Höre ich recht? War da nicht schon wieder das höhnische Koboldkichern?

Anderntags berichte ich dem Berufsjäger Jürgen meine Pechsträhne. Bitte ihn, mir den Platz für die nächste Zeit zu reservieren, da ich vermute, der Bock hätte hier seinen „Wohnsitz“. Jürgen meint: „Gut, probier's, hoffentlich hat der Bock keinen „Zweitwohnsitz!“ Tags darauf erzählt er mir den Kommentar von Theresa, seiner Tochter.

„Wenn der Gerd mit so viel Pech schon nix g'schoss'n hat, so macht er, wie ich ihn kenne, wenigstens eine kleine Geschichte draus.“

Die junge Jägerin hat Recht behalten.

Wie's weiterging? Den Rehbock sah ich trotz vieler Ansitze nimmer wieder. Den Hirsch, das heißt, sein Geweih, sah ich im Frühjahr darauf. Auf der Geweihschau. Amtlich bestätigt als Vierjähriger.

Der geteilte Hahn

Schon immer hat mich der Zauber um die Auerhahnbalz in ihren Bann gezogen. Selbst nachdem ich meinen ersten und einzigen Großen Hahn erlegt hatte, wollte ich die geheimnisvollen Stunden zwischen Nacht und jungem Morgen immer wieder erleben.

Seinerzeit war die Jagd auf Hahnen in Deutschland noch erlaubt, und so führte mich mein Weg in die Oberpfalz, wo die tschechische Grenze nicht weit ist. Vom Tourismus noch unberührte Waldberge waren letzte Refugien für die Raufußhühner. Fast in jedem Jahr war ich dort zur Bockjagd, und wenn ich im Mai zur Hahnfalz kam, nahm mich Hans, der eine der Jagdpächter, mit zu einer Beobachtungskanzel der Grenzpolizei, bei der er angestellt war. Mein lieber Freund Peter kannte ihn seit Langem über die gemeinsame Leidenschaft der Fliegerei. Wir schauten hinüber in die Tschechei, wo auf dem baumlosen, nur von Erika bedeckten „Todesstreifen" unzählige Spielhahnen balzten. Die Morgenluft schien vom vielstimmigen Grugeln geradezu in Schwingung geraten zu sein. Peter und ich erlegten beim Hans unsere Hahnen, und ich war verloren an das Erleben zwischen Nacht und Tag. Der andere Teilhaber dieses Reviers, dem auch das dörfliche Gasthaus gehörte, verkaufte Abschüsse, die von einer Jägergruppe aus dem Ruhrgebiet auf Jahre hinaus übernommen wurden.

Immer, wenn ich im Mai nur zum Genießen der Balz dort eintraf, bevölkerten mehrere dieser Jäger das Gasthaus, in dem auch ich untergekommen war. Lautstark und höhnisch machten sie sich lustig über die „doofen Bayern", die den Schnaps – es war damals Bärwurz – noch für 50 Pfennig verkauften. Das aber konnte der tüchtige Wirt nicht ungestraft hören, und im Jahr darauf kostete das Glas bereits DM 1,60. In jenem Jahr war unter ihnen auch ein alter Jäger, der sich von ihren abendlichen, lautstarken Skatrunden an einen Nebentisch absetzte.

Dieser stille Gast war mir sehr sympathisch, und so fragte ich, ob ich mich zu ihm setzen dürfe. Der alte Herr reichte mir freundschaftlich die Hand, sagte, er heiße Onno und käme aus Friesland. Er wollte in den nächsten Tagen auch einen Hahn erlegen, doch sollte er noch warten, denn der Jagdpächter musste erst ein paar andere Herren aus der Skatrunde zu Schuss bringen. Der zweite Pachtteilhaber, unser Freund Hans, hatte zurzeit Nachtdienst bei der Grenzpolizei und entfiel somit als Pirschführer. Darauf fragte ich den Wirt, ob ich, der sich ja im Revier schon bestens auskannte, den alten Herren führen könne. Das Angebot wurde freudig angenommen. Uns wurde ein entlegener Revierteil zugewiesen, wo wir mit ebenfalls guten Chancen die anderen Jäger keinesfalls stören würden. Das war mir ganz recht, denn gerade dort kannte ich mich besonders gut aus, zumal ich da zwei Jahre zuvor meinen Hahn erlegt hatte.

Mit der Balzjagd hatte Onno keine Erfahrung, und ich erzählte ihm, wie wir den Hahn anspringen würden. Er gestand, ein wenig schwerhörig zu sein, ich müsse ihn auf die Balzlaute hinweisen. Da schlug ich vor, dass ich als Verbindung zu mir ihm ein Ende meines Bergsteckens in die Hand geben würde. Er habe nur darauf zu achten, wann ich stehenbliebe oder weiterginge. Alles Weitere würde ich ihm durch Gesten zu verstehen geben.

Um zwei Uhr am nächsten Morgen zogen wir los. Unsere Fahrt führte um den ganzen Berg herum, der zum Revier gehörte. Nachdem ich mein Auto abgestellt hatte, suchten wir mit Taschenlampen unseren Weg durch die Nacht. Es war nicht weit zu dem Platz, wo ich hoffte, Balzlaute hören zu können.

Am Rand einer kleinen Blöße fanden wir einen bequemen Sitzplatz auf dem Wurzelgeflecht einer alten Kiefer. Im Sternenlicht waren die Konturen der Bäume kaum zu erkennen. Der Morgen war noch weit. An den Stamm gelehnt, schloss ich ein wenig die Augen. Fernab riefen Käuze, und irgendwo schreckte ein Reh.

Stille hüllte uns ein, war durch keine von Menschen verursachten Geräusche unterbrochen. Die Nacht hockte im Unterholz.

Plötzlich spürte ich im Gesicht tastende Hände des neben mir sitzenden Alten. „Was willst du?“, fragte ich ihn.

Erschrocken flüsterte er: „Nu heff ick dacht, du bist ’n Boom.“

So saßen wir Stunde um Stunde, bis volles Tageslicht, Kuckucksruf und vielstimmiger Gesang der Vögel zur Heimkehr mahnten.

Mein Plan war nun, nach dem Frühstück allein hinauszugehen, um nach Balzbäumen zu suchen. Erst dann hätte es Sinn, in deren Nähe den Ansitz erneut zu beginnen.

Schritt für Schritt, langsam durch den Wald pirschend, hielt ich Ausschau nach Bäumen, die mir als Bühne fürs morgendliche Geschehen geeignet erschienen. Als ich stehenblieb, um nach einem passenden Platz zu schauen, sah ich einen Rehbock etwa vierzig Meter vor mir. Er hatte nichts von mir bemerkt. Das Glas ansetzend, glaubte ich, meinen Augen nicht zu trauen. Ein kapitaler Bock, wie ich ihn hier noch nie gesehen hatte. Unglaublich hohe, starke Stangen. Die fingerlangen, blitzenden Enden prahlten. Ein reifer Bock. Jetzt, zu Anfang Mai, war er noch kaum verfärbt. Kaum, dass der Träger ein wenig Rot zeigte. Den wollte ich mir für den Juni merken, wenn die Schusszeit beginnt. Jetzt wollte ich nur so ganz beiläufig fragen, ob ich dann wiederkommen könne.

Als der Starke vertraut weitergezogen war, setzte ich meine Sucherei fort. Sie hatte Erfolg. Unter einer alten Kiefer war reichlich Balzlosung zu finden. Hier wird sicher ein Hahn die Nacht verbringen. Am Abend wollte ich in entsprechender Entfernung ansitzen, um zu hören, ob sich da was tut.

Rechtzeitig hockte ich gut gedeckt am Boden. Langsam ging der Tag in die Nacht über. Wie immer genoss ich jene erwartungsvolle Zeitspanne, die voller Geheimnisse steckt. Diese Stunde ist für mich die besondere Belohnung, ein Jäger zu sein. Ohne sie würde ein wesentlicher Zauber der Jagd fehlen.

Langsam verlöschten die Farben des Tages, da verriet mir Schwingengeprassel, dass sich in der Nähe ein Hahn zur Nacht eingeschwungen hatte. Um jedoch das bestätigende Worgen hören zu können, war es zu weit.

Der junge Tag sah uns zwei Jäger unweit des Balzbaums die ersten Glepfer des Hahns erwarten. Der Bergstecken lag zwischen uns bereit. Am gegenseitigen Ende gefasst, würde er das Anspringen erleichtern. Wiederum wurde unsere Geduld auf eine lange Probe gestellt.

Endlich lösten sich im ersten Morgendämmern die Konturen der Bäume vom Dunkel der Nacht. Nicht lange, da hörte ich schon den ersten Schnackler des Hahns. Ein Blick zu Onno. Er hatte nichts gehört. Wie gut, dachte ich, dass ich ihn am Stecken habe. Nun hieß es kurze Zeit warten, bis gutes Büchsenlicht ein lautloses Anspringen möglich machte. Der Hahn hatte sich inzwischen flott eingespielt. Hauptschlag folgte auf Hauptschlag, sodass ich aufstand und Onno das eine Ende des Bergsteckens zuschob. Nach jedem „Blopp“ war das Schleifen gut zu vernehmen, sodass wir gut vorankamen. Brav folgte mir der Alte und stoppte sofort, wenn mein Zug am Stecken nachließ.

Jetzt sah ich den Hahn. Auf einem herausragenden Ast einer etwas erhöht stehenden Kiefer hob er sich gut vom blassen Morgenhimmel ab. Onno sah ihn noch nicht. Beim nächsten Hauptschlag und Schleifen deutete ich hinauf. Jetzt sah er ihn. Er hatte zuvor am falschen Baum gesucht. Wir hatten ausgemacht, dass er erst nachdem ich meine Hand erhoben hatte in Anschlag gehen dürfe. Nach dem nächsten Hauptschlag passte die Entfernung. Auf mein Zeichen fuhr Onnos Büchsflinte hoch, und der Schuss krachte in den Morgen. Der Hahn kippte vom Ast, doch mir schien, als hätte er noch seine Schwingen bewegt.

Unter dem Baum war von unserem Standpunkt aus nichts zu sehen. Hinter der Kiefer war jedoch eine kleine Mulde. War er dort hineingefallen?

Mein lieber Alter war vor Aufregung fix und fertig. Er musste sich setzen. Beruhigend legte ich ihm meine Hand auf die

Schulter. Nach kurzer Zeit gingen wir voller Spannung hinauf. Unter dem Baum lag kein Hahn, nur eine Feder. Eine breite Feder vom Fächer. Das war ein gutes Zeichen. Demnach musste der Hahn getroffen sein. Nach wenigen Schritten sah ich ihn im Heidelbeerkraut liegen.

Unsere Freude kannte nun keine Grenzen. Onno fiel mir beglückt um den Hals. In den Augen des alten Jägers glitzerte es verdächtig. Aber auch ich musste ein wenig schlucken, mitgenommen von seiner Glückseligkeit.

Wir setzten uns neben dem schönen Vogel ins Moos. Während ich meine Pfeife rauchte, fuhr die Hand des alten Jägers immer wieder bewundernd über das Gefieder des Hahns.

Als ich ein Foto von Beute und Erleger machen wollte, geschah etwas Außergewöhnliches. Onno lehnte das übliche Siegesbild ab. Er wollte nicht, wie es allgemein gemacht wird, wie der stolze Erleger mit Beute abgelichtet werden. Der eigentliche Erleger, so sagte er in aller Deutlichkeit, sei ich gewesen. Er selber habe nur wie fremdgesteuert gehandelt. Vergeblich versuchte ich ihn zu trösten. Er habe doch selbst geschossen und auch gut getroffen. Wer weiß, ob ich das auch so gut gekonnt hätte? Es half alles nichts, kein Sträuben und kein Reden. Auch meinen Einwand, dass der Ablauf unserer Jagd nur durch das übliche Zusammenspiel zwischen Jagdgast und Führer den Erfolg bringen konnte, ließ er nicht gelten. Ein Foto wolle er gerne, aber nur von mir mit dem Hahn. So schränkte ich den Hahn an den Füßen, hing ihn mir über den Bergstecken. So musste ich mich auf einem Felsen in Positur stellen.

Lange noch blieben wir an diesem Platz. Nichts trieb uns zurück ins Wirtshaus mit der lärmenden Gesellschaft, die, wie er meinte, noch bald genug unsere verzauberte Stimmung auslöschen würde.

Beim Abschied schenkte mir Onno die abgeschossene Feder vom Fächer. „Damit du auch einen Teil von unserem Hahn hast.“ Lange Zeit hatte ich sie als liebes Andenken aufbewahrt, bis sie eines Tages Opfer eines meiner Junghunde wurde.

Der geteilte Hahn

Wie es weiterging, mit dem kapitalen Rehbock? Nun, den habe ich weder im Juni noch in der Blattzeit wiedergesehen, dafür aber einen außergewöhnlich starken Abnormen erlegt. Aber das ist eine andere Geschichte.

Ein Rehbock beim Zahnarzt

„Ich hatte eine Farm in Afrika". So beginnt die großartige Geschichte von Tanja Blixen. Meine kleine Geschichte müsste dagegen beginnen: „Ich hatte ein Revier in Oberbayern."

Das klingt zwar nicht so verlockend wie Afrika, doch auch hier hat sich so manches Erzählenswerte ereignet. In diesem Revier mit seinen eintausend Hektar gab es drei kleine Waldstücke. Ein kleines Flüsschen mäanderte durch einen tiefer liegenden Einschnitt in der leicht gewellten Landschaft. Dessen naturbelassene, breite Uferzone war bis zu den angrenzenden Hängen von Schilf und Erlen umstanden und bot dem Wild reiche Einstände. Pirole flöteten in den Baumkronen, und auf den Feldern jubilierten die Lerchen. Noch gab es etliche Feldgehölze, in deren Mitte kleine Weiher die Enten anlockten. Ich sage „noch", denn mittlerweile sind sie alle abgeholzt und die Weiher eingeebnet worden. Der ganze Landkreis war und ist auch heute noch der waldärmste von ganz Bayern, und hier wie überall hat man sich inzwischen total dem Maiswahnsinn ergeben. Zu unserer Zeit begann dieser Virus jedoch erst so richtig zu wuchern. Wenn ich sage „zu unserer Zeit", so meine ich die Pachtperiode mit meinem Partner, die in den späten Sechzigerjahren begann.

Der Rehbestand war gut bis sehr gut. Der Vorpächter hatte eine besondere Auffassung, Rehe zu bejagen. Geißen waren weitgehend tabu, denn er war der Ansicht, „a jede Goaß bringt mir an Bock". Und von denen schoss er nur Sechser. Alle anderen waren „koane g'scheit'n Böck'."

Mit meinem Partner kam ich überein, dass wir es umgekehrt machen wollten. Schnell erwies es sich als richtig, und bald zogen bei uns wirklich „g'scheite Böck' ihre Fährte. Ebenso aufwärts ging es mit Hasen, Fasanen und Rebhühnern. Meine Strecke an Raubzeug und Raubwild war in den ersten zwei Jahren dreistellig, woran meine Kurzhaar-Hündin Cita großen Anteil hatte. Nach nur zwei Jahren konnten wir ein paar Freunde zu einer ersten kleinen Treibjagd einladen, deren Strecke sich absolut sehen lassen konnte. In meinem alten Schussbuch lese ich: 2 Füchse, 31 Hasen, 37 Fasanen und 6 Enten. Unser dörflicher Jagdhelfer konnte sich nicht entsinnen, dass jemals eine solche Jahresstrecke erzielt wurde.

Nun war es auch an der Zeit, um sich bei unseren Jagdfreunden durch Gegeneinladungen zu revanchieren. Da stand an erster Stelle unser gemeinsamer Freund Peter. In seinem Bergrevier im Salzkammergut wurde ich zum Gamsjäger, und auch mein Partner wurde dort genossen gemacht.

Mitten in unserem Revier gab's ein Waldstück von etwa 500 Metern im Geviert, die Maschen-Etz. Dort hatte ich noch vor Pachtbeginn einen hochinteressanten Abnormen entdeckt. Den sollte gleich zu Beginn der Schusszeit als ersten Bock im neuen Revier der Peter erlegen. Doch der liebe Freund hatte kurz zuvor einen Autounfall. Der Salto mit seinem Auto war zum Glück kein „mortale", doch nun musste er monatelang eine stützende Halskrause tragen. Damit hieß es für ihn erstmal „Hahn in Ruh!" Er beschwor mich, diesen seltenen Bock nicht für ihn aufzuheben, sondern ihn baldigst selber zu erlegen. Zudem dräute Straßennähe und Reviergrenze. Vor allem traute er meinem Partner nicht, den er wohl besser als ich einzuschätzen wusste. Wir saßen dennoch gemeinsam gleich am 1. Juni an. Als sich im ersten Büchsenlicht der Abnorme zeigte, reichte ich dem Peter meine Büchse. Doch er schüttelte nur stumm den Kopf und deutete auf die umfangreiche Halskrause, die ihm den Anschlag unmöglich machte. Leise zischte er nur: „Tu net lang umanand, schieß endlich, glei' is' er weg!"

Ich müsste lügen, dass ich es nicht gerne tat. Glücklich standen wir beide hernach an der ersten echten Beute im neuen Jagdrevier. Der Bock war wirklich eine Rarität, und ich schwor mir, dass den besten Bock, der hier in Zukunft seine Fährte ziehen würde, der Peter erlegen müsse.

Tatsächlich machten meine Frau und ich im Jahr darauf einen hochgekrönten Sechserbock aus, so stark, wie wir hier noch keinen gesehen hatten. Sofort vereinbarte ich mit meinem Partner, dass dieser Bock für uns tabu sei und nur der Freund ihn erlegen dürfe. Sein Einstand war die dicht verfilzte Maschen-Etz, wobei wir hofften, dass er Straße und Reviergrenze fernbleiben würde.

Zur Blattzeit saß ich dann mit dem Peter in der Nähe eines von uns angelegten Wildackers. Bald lockten meine zarten Fieptöne den Bock herbei. Der Freund hob die Büchse, schaute ungewohnt lange durchs Zielfernrohr und senkte die Büchse mit den Worten, „zu jung, wart' mer noch a Jahrl!"

Ich musste ihm Recht geben, nur hatte ich Bedenken, ob sich mein Partner nach diesem vorläufigen Verzicht immer noch an die Tabu-Absprache halten würde. Einige traurige Vorfälle in den vergangenen Monaten hatten bei mir Zweifel geweckt.

Aber das Jahr ging dahin, und bis zur Schonzeit konnte ich den Starken immer wieder bestätigen. Im neuen Jahr prahlte sein Gehörn mit noch längeren Enden. Peter wollte erst in der Blattzeit kommen, denn er war dafür, dass solch ein Bilderbuchbock sich noch reichlich vererben sollte.

Es gab in der gleichen Gegend, nur jenseits der Maschen-Etz, noch einen starken Bock. Offenbar war's der Sohn, denn er glich dem unseren im Gehörntyp. Aber er war eindeutig weit jünger und geringer in der Figur. Eine Verwechslung schien ausgeschlossen.

Mehrere Ansitze mit dem Freund auf den Starken waren erfolglos, trotz verlockender Fieptöne. So sehr ich mich bemühte, den Peter zu Schuss zu bringen, die grünen Geister ließen diese Dankesgabe nicht zu. Die Blattzeit ging langsam vorbei, und der Freund musste abreisen. Afrika lockte. Zum Abschied beschwor er mich, den Bock nun selber zu erlegen.

„Du hast ihn seinerzeit ausgemacht, du hast mich – wenn auch vergeblich – geführt, da steht er dir jetzt auch ohne ‚Wenn und

Aber' zu. Frag net lang! Schau dass d'n kriagst! Also Weidmannsheil!"

Als mein Partner davon hörte, protestierte er selbstherrlich. Er hätte als der Ältere das Vorrecht, und jetzt würde er den Bock selber schießen. Punktum! Die Harmonie und Freude, die wir auf der Jagd suchen, drohte in eine gelbe Neidbrühe zu kippen.

Aber da hatte er nicht mit weiblicher Klugheit gerechnet. „Morgen früh", raunte mir meine Frau zu, „schieße ich ihn! Bevor ihr zwei Mannsbilder ins Streiten kommt."

Bereits vorm ersten Büchsenlicht saßen wir getrennt an. Meine Frau passte wieder beim Wildackersitz, in dessen Umgebung der Bock seinen Einstand hatte. Vor ihr lag ein schmaler Wiesenstreifen, der durch eine Erlenzeile von den angrenzenden Feldern getrennt wurde. Ich wählte mir einen Sitz weitab vom Wald. Von dort aus konnte ich alles beobachten. Und tatsächlich, die Sonne war gerade aufgegangen, da zog vom jenseitigen Kornfeld ein Schmalreh in den Wald hinter dem Hochstand. Kurz darauf folgte der Starke und verhoffte am Feldrand.

Auf den Schuss sah ich ihn, immer tiefer werdend in den Wald flüchten. Das schaute gut aus! Beruhigt ging ich nach einer Viertelstunde zu meiner Frau und legte unsere Cita zur Fährte. Gleich hinter den ersten Randbüschen wurde der Schweißriemen schlaff und wir standen beglückt vor dem längst Verendeten.

Als wir uns vor dem Abendansitz im Jagdhaus trafen und der Partner den Bock sah, klang seine Gratulation ein wenig verkniffen. Der Brite würde dazu sagen „with stiff Upperlips". Gegenüber einer Jägerin, zumal meiner Frau, wollte er wohl doch keinen Jagdneid zeigen. Feine Ohren vermissten jedoch eine der erlesenen Beute entsprechende Herzlichkeit.

Keine Woche war vergangen, da präsentierte der Partner uns ein frisch abgekochtes, wirklich starkes Gwichtl. Es gehörte einwandfrei zu jenem Sohn des Starken. Den Unterkiefer hatte er zum Beweis, dass es ein reifer Bock sei, neben die Trophäe gelegt. Deutlich sichtbar waren auf den Molaren feine Rillen, die Spuren einer groben Feile. Ich war entsetzt.

„Wenn du schon den Finger nicht grad sein lassen kannst und bewusst einen falschen Abschuss machst, dann steh gefälligst auch dazu und versuch nicht, mich für blöd zu verkaufen! Schau her, wenn man schon schwindelt, dann darf man mit der Feile nicht so schlampig arbeiten! Auf der Hegeschau werden wir uns gewaltig blamieren. Das mache ich nicht mit!"

Er zog nur den Kopf ein und wir trennten uns mit „Servus, Herr Feiler!"

Einige Zeit später lag das Gwichtl samt Unterkiefer auf dem Tisch unseres Jagdhauses. Die Zahnreihe hatte nun eine fein säuberlich polierte Kaufläche. Da ich wusste, dass der Nachbar meines Partners Zahnarzt war, sagte ich ihm auf den Kopf zu, was da gespielt wurde. Der junge Bock war beim Zahnarzt plötzlich zum Greis geworden.

Es gab auch eine positive Seite dieses unerfreulichen Intermezzos. Bei nun geklärten Fronten konnte die restliche Pachtperiode in Harmonie zu Ende gehen. Was Freund Peter anbetrifft, so hat er in den folgenden Jahren einige gute Böcke bei uns erlegen können. Aber für die brauchten wir keinen Zahnarzt.

Unwillkommene Gäste

Hier soll nicht von Jagdgästen erzählt werden, denn Jagdgäste waren bei uns stets herzlichst willkommen. In dieser Geschichte sind meine Frau und ich die Gäste, und zwar willkommene.

Der Gastgeber war Hubertus, unser ehemaliger Jagdnachbar. Nach dem Verlust unseres Reviers, ich habe darüber bereits in einem meiner Bücher erzählt, nahm er uns mit buchstäblich offenen Armen in sein gut 1.000 Hektar großes Revier auf. Mit freier Büchse, ohne jede Verpflichtung.

Wem geschieht so etwas?

Kürzlich nahm ich – zum ich-weiß-nicht-wievielten-Mal – mein Lieblings-Jagdbuch wieder in die Hand. „Das jagerischen Leben" von Carl v. Blaas. Hier erzählt der Autor in wunderbar schlichtem, bildlich anschaulichem Stil von vielen Stationen seines jagerischen Lebens als Gast in auserwählten Revieren. Sein Stil ist deshalb so anschaulich, weil er ein berühmter Maler und Portraitist war. Was er sah, schaute er wie ein echter Maler bewusst an. Das hat sich in seinen Worten wunderbar manifestiert. Seine Gastgeber waren damals Besitzer herrlicher Reviere, in denen er jagen konnte, ohne dass die Trophäenstärke das hauptsächliche Ziel war.

Hier, im ehemaligen Nachbarrevier genossen wir eine Freizügigkeit, fast als wär's unser eigenes.

Es war in der Blattzeit. Meine Frau und ich wollten am Nachmittag in entgegengesetzten Ecken des Reviers ansitzen. Jeder von uns hatte bereits einen bestimmten, schon vorher geschauten Bock im Sinn. Meine Frau bat mich, sie am Wendl-Holz abzusetzen, wo sie einen Hochsitz an dessen Rand besteigen wollte. Das kleine, auf leicht erhöhtem Gelände stehende Wäldchen in der

Größe von etwa 500 Metern im Quadrat liegt in der westlichen Reviereckе. Vom Ansitz aus kann man in das kleine Flusstal der Strogn schauen, wo dichter Bewuchs unter den Erlen dem Wild guten Einstand bietet. Dazwischen, nur von einem schmalen staubigen Feldweg getrennt, liegen erntereife Kornfelder.

Nachdem wir am Zielpunkt meiner Frau angekommen waren, stieg sie aus, nahm Büchse, Rucksack und ihre Dackelhündin Fini an die Leine. Ich dagegen rollte nun ans östliche Ende des Reviers. Da wusste ich einen Hochstand in sumpfigem Gelände über einem kleinen Bach. Dort schaut man auf jenseitig ansteigende Felder mit kleinen, schilfigen Gruppen von Erle und Holunder dazwischen. Meine BGS-Hündin Silva musste leider im Auto bleiben. Auf den Hochstand, der recht eng war, konnte sie nicht mit, und unter der Leiter hätte sie es nicht ausgehalten. Hier waren die Mückenschwärme wie wild auf frisches Blut, es wäre eine Qual für die Hündin geworden.

Mein Auto parkte ich etwa in 400 Meter Entfernung im Schatten des Waldrands, die brave Hündin konnte es nun dort gut aushalten. Droben auf der Leiter rieb ich mich reichlich mit meinem Spezial-Mückenmittel ein. Sobald es dämmerte, konnte man es selbst in der Höhe kaum aushalten. Dies tolle Mittel stammt vom Neusiedler See, wo die Mückenplage stellenweise legendär ist. Dann auf dem Hochsitz bequem gemacht, Büchse geladen und das Spektiv hergelegt. Plötzlich hörte ich von dort, wo mein Auto stand, wildes Gehupe eines Mopeds herüberschallen.

„Was soll denn das jetzt?", dachte ich ärgerlich. Da stand ein junger Bursch an meinem Auto, hupte und winkte wie wild. Als er mich entdeckte, knatterte er über die dazwischenliegende Wiese zu mir heran. Es war Flori, der Sohn vom Wendl-Bauern.

„Du muasst glei' zu deiner Frau kemma", brüllte er, „sie is vom Hochstand abgstürzt."

So schnell bin ich noch nie vom Hochsitz abgestiegen, grad, dass ich noch entladen hatte.

„Is es schlimm?" fragte ich ihn.

„Na, na, sie lebt scho' no', aber sie bliat't."

Was war da passiert, dass sie blutete? Ich rannte zum Auto, warf meine Sachen hinein und bretterte über die staubigen Feldwege zum Wendl-Holz.

Schon von weitem sah ich sie oberhalb der Böschung vor dem Wald, mit einer eingebundenen Hand sitzen. Offenbar war's nichts Lebensgefährliches. Als sich die Staubwolke meiner raschen Ankunft gelegt hatte und ich ausgestiegen war, sah ich sie lachen. Das war schon mal ein gutes Zeichen. Meine Frage, was los war, beantwortete sie mit dem beruhigenden Hinweis: „Setzt dich erst mal hin, sei ganz entspannt und lass dir erzählen!"

Während ich sie mit dem Verbandskasten aus dem Auto versorgte, begann sie:

„Nachdem du fort warst, stieg ich hinauf zur Kanzel am Waldrand. Büchs' und Rucksack legte ich vor der Leiter ab, nahm die kleine Fini auf den Arm und kletterte die Leiter rauf. Dabei musste ich arg aufpassen, da die Leiter, wie du ja weißt, fast senkrecht vor der Kanzel steht. In dem Moment, als ich die Kanzeltüre aufmache, um die Hündin reinzusetzen, stürzt mit wütendem Gebraus ein Wespenschwarm auf uns zu. Jetzt nix wie runter und raus aus der Gefahr. Du weißt ja, dass ich höchst allergisch auf Wespenstiche bin und deshalb stets ein Not-Set bei mir haben muss. Halb kletternd, halb rutschend bin ich fast unten angelangt, verklemme meinen Arm zwischen Sprosse und Holm, reiße mich frei und spüre einen stechenden Schmerz. Zum Glück war ich schon fast am Boden, so konnte ich die kleine Fini fallen lassen. Die Haut am linken Arm war tief aufgeschürft, sogleich war alles voller Blut. Mit meinen Taschentüchern wischte ich mich ab und sah, dass es zum Glück keine tiefe Wunde war. Doch die Blutung wollte erst nach einer Weile zum Stillstand kommen. Derweil habe ich mir mit den Taschentüchern einen feinen Verband angelegt. Dann versuchte ich dich per Handy zu erreichen. Außer der automatischen Ansage kein Kontakt mit meinem Leibjäger. Nimm halt bitte immer dein Handy mit! Jetzt nahm ich Rucksack, Büchse und Hund und setzte ich mich hierher unter den Ebereschenbaum. Nun war guter Rat teuer, hier wollte ich nicht bleiben, bis es dunkel wird und du mich holen kommst. Da knatterte zum Glück der Flori vom Wendl mit seinem Moped vorbei. Ich rief ihn an und bat ihn, dich zu verständigen. Lange musste ich ihm erklären wo du bist. Im Stillen hoffte ich, dass du auch wirklich zum östlichen Graben gefahren bist und nicht eine neue Idee hattest.

Noch gar nicht lange sitze ich, da sehe ich drunten an der Strogn einen roten Wildkörper. Das Glas zeigte mir, dass es zwar nicht mein erhoffter Abnormer ist, sondern ein reifer, enorm hoch aufhabender Bock. Suchend zog er durch den Weizen langsam zu mir her. Schnell rutschte ich hinter den Vogelbeerbaum und konnte so gut mit der Büchs' anstreichen. Immer spitz zu mir her kam er langsam näher und näher. Ungern wollte ich auf den Stich schießen, da tat er mir den Gefallen und wendete nach links, zeigte das Blatt, und im Knall war er im Korn versunken."

„Das gibt's doch nicht!", war mein ungläubiger Ausruf. „Glück im Unglück, besser kann's doch gar nicht gehen. Und wo liegt der Bock?"

Sie zeigte mir die Stelle drunten jenseits des Feldwegs, wo im Hintergrund eine hohe Esche steht.

„Geh' genau auf den Baum zu, dann musst du ihn finden!"

Ungläubig den Kopf schüttelnd stand ich auf, gab der Silva ein Zeichen, mir zu folgen und stieg hinunter ins Kornfeld. Nach etwa 80 Metern waren die Halme niedergelegt, und da lag der Bock. Mir verschlug's die Sprache. Und was für einer! Das war wieder einer der Heimlichen, der bisher nie gesehen, nun meiner Frau vor die Büchse gekommen war.

Am Gehörn schleifte ich den Bock bis zum Weg hinauf, wo meine Frau mir schon entgegen kam. Vorsichtig, um nicht an den schmerzenden Arm zu kommen, umarmte ich sie und gratulierte zu dieser wahrlich verdienten Beute. Eng gestellte, reich geperlte und anderthalb Spannen hohe Stangen. Keine Vorderenden, dafür lange, spitze Kampfsprossen. Eine wunderbare, reife Beute. Sie gab dem Erlegten den letzten Bissen und ich holte ihr vom Waldrand einen Eichenbruch. Nach dem Aufbrechen, was ich ihr gerne abnahm, hockten wir uns nachgenießend wieder an unseren Platz, während der Bock zum Ausschweißen am daneben stehenden Baum hing. Die schmerzhafte Flucht von der Kanzel hatte auch ihr Gutes. Wer weiß, ob meine Frau den Bock von droben hätte sehen können.

Wer waren hier die „unwillkommenen Gäste"? Die Wespen oder die Jägerin mit Hund?

Vom Winde verweht

Das schlechte Wetter war plötzlich da. Die Leute hatten recht mit der pessimistischen Voraussage, dass es nun nach verregnetem Siebenschläfertag sieben Wochen regnen würde. Es wurde zwar kein Dauerregen, aber das Wetter verdarb einem alle Pläne im Revier. Ein Tag zu heiß, ein Tag zu kalt mit Wind und Regen. So ging's vom Frühjahr in den Sommer.

Jeder Ansitz war ein Glücksspiel mit der Windrichtung, und ich ließ es drauf ankommen, wohin es wehen wollte. Dabei blieb ich der Verlierer, denn von erfolgreichem Anblick konnte keine Rede sein. So war ich schon zufrieden, wenn ich die Stunden genießen konnte, da keine Pflichten riefen und ich mit meinem Hund allein sein konnte. Das Paradies liegt nicht im Jenseits, sondern im Abseits. Mir ging es wie Siegfried Lenz, der schrieb, „das größte Glück des Jägers ist, ein Wild zu erlegen. Das zweitgrößte Glück des Jägers ist, kein Wild zu erlegen. Die Beute ist nicht das Wesentliche, entscheidend ist nur das Gefühl." Einfach nur draußen zu sein und zu denken, es könnte ja was kommen.

Die Heimfahrt durch das große Revier führte mich stets an einigen Waldwiesen entlang. Ein paar kleinere und eine lange, schmale Wiese zogen im Vorbeifahren bei beginnender Nacht meine Blicke an. Oft tauchten Hasen im Scheinwerferlicht auf. Jedes Mal zählte ich die Begegnungen und freute mich, wenn es wieder einmal sieben Mümmler waren, die entweder am Weges- oder Wiesenrand vom Lichtschein erreicht wurden. Die meisten sah ich auf der langen Wiese, an der ich vor Jahren einen geringen Bock erlegt hatte. Das Besondere an diesem Bock zeigte sich beim Präparieren des Gwichtls. Er hatte Grandln. Das war eine echte Rarität. Die bewahrte ich in einem kleinen silbernen

Schnapsbecher. Als junger Jäger hatte ich davon einen ganzen Satz bei einem Tontaubenschießen gewonnen. Die standen nun mit anderen silbernen und gläsernen Sammelstücken im Wandregal. Als einst meine Mutter einem Gast einen Enzian anbot, kredenzte ihn die Ahnungslose in ausgerechnet jenem Becher. Von außen waren ja die Grandln nicht zu sehen. Nach dem „Zum Wohl" kippte der Ahnungslose die kleinen Grandln mit hinab. Er wurde nie über die kleine Beigabe aufgeklärt.

Eines Abends bei der Heimfahrt durch den schlummernden Wald stand am Rand jener kleinen Waldwiese ein Rehbock. Nur sekundenkurz konnte ich bei seinem Abspringen sehen, dass er ein unwahrscheinlich hohes und eng gestelltes Gwichtl hatte. Den wollte ich beim nächsten Ansitz näher anschauen. Gelegenheit dazu bot eine Kanzel am östlichen Rand dieser Wiese. Nur sehr selten war ich da gehockt. In diesem Hochstand kam ich mir zu sehr wie in einer kleinen Versandkiste vor. Aber wegen eines zuvor gesehenen, so besonderen Rehbocks würde ich sicher meine Abneigung überwinden.

Am folgenden Abend wollte ich mich da ansetzen. Das Auto ließ ich weit entfernt stehen und ging wie ein harmloser Spaziergänger mit meinem Jockel an der Leine auf dem viel begangenen Waldweg dort hin. Wie immer, selbst bei Spaziergängen, waren meine Blicke auch auf den Weg gerichtet. Oft krabbelten da jene schwarzen, blau schimmernden kleinen Käfer mit dem abwertenden Namen „Mistkäfer". Manchmal sah ich einen von ihnen, hilflos mit den kleinen Haxeln rudernd, auf dem Rücken liegen. Bei dem glatten Untergrund des Weges hatten sie keine Chance, sich wieder aufzurichten. Die armen Krabbler nahm ich jedes Mal auf und setzte sie ins angrenzende Gras. Ohne Hilfe wären sie rettungslos verloren gewesen. Dabei fielen mir Vergleiche mit menschlichem Schicksal ein. Welch ein Glück für denjenigen, der in ähnlich aussichtsloser Lage eine rettende Hand findet, die ihn wieder aufrichtet.

Bald saßen Herr und Hund gemütlich in der Holzkabine, bereit zu ruhen und zu beobachten. In solchen Momenten genieße ich die mich langsam einhüllende Stille. Lasse den Gedanken freien Lauf und vergesse den Alltagsschrott. Stets beobachtend, fallen mir Dinge ein, die meist mit der Jagd zusammenhängen. So fällt mir beim Denken an den vehement geforderten Rehwildabschuss ein, wie sich Ansichten in der Spanne meines Jägerlebens geändert haben. Als Beispiel möchte ich nur die einstige Forderung nach vermehrtem Abschuss von Auerwild erwähnen. In meiner Jugend hörte ich vonseiten ergrimmter Forstleute, dass die „verfluchten“ Auerhähne die Gipfeltriebe der Fichten verbeißen würden. Kürzlich las ich, dass Jäger im 18. Jahrhundert Rehe auch mit Schlingen fingen. Die maßlosen Auswüchse der Mächtigen bis vor kurzer Vergangenheit möchte ich gar nicht aufzählen. Aus der Sicht der damaligen Zeit kam man jedoch keineswegs auf den Gedanken, Unrecht zu tun. Wie wird man wohl einst unser heutiges Tun beurteilen?

Doch es gibt auch Erfreuliches über das Verhältnis „Mensch zum Tier“ zu erzählen. Dazu fällt mir eine Geschäftsfreundin aus Wien ein. Sie beherbergte in ihrem Büro einen kleinen Affen. Der hupfte dem Besucher zu gern auf den Schoß. Einen jedoch fand er besonders unsympathisch. Dem pieselte er punktgenau auf seine Krawatte. Man versicherte mir, dieser Besucher sei jedoch kein Politiker gewesen. Diesen Raum, der zum parkartigen Garten hinausführte, suchte auch der Esel der Familie auf. Wenn er müde war, „flackte“ er sich auf das große Sofa im Büro. Im Garten stand ein VW, dem die Rücksitze herausgenommen waren. Mit diesem Vehikel fuhren die Töchter jeden Tag ihre etwa sechs Gänse zum Baden und Schwimmen zu einem nahe gelegenen Weiher. Solche Geschichten fallen mir oft in der Entspannung auf dem Ansitz ein, wobei ich die negativen Erlebnisse im Genuss der Stille verdränge.

Ich möchte nicht die Zahl der Jagdtage zählen, an denen ich ohne jeden Anblick blieb. Rehe gab es in ausreichender Zahl bei uns, nur waren sie zu fast reinen Nachttieren geworden. Die Unruhe im Wald durch vermehrten Einschlag der Käferbäume und der vielen Wanderer zu jeder Tages- und Nachtzeit haben jeden

Anblick rar gemacht. Fährten an feuchten Wegrändern zeigten jedoch, dass sie nicht alle abgewandert waren. Meine Frau fragt schon lange nicht mehr, was ich gesehen hätte, da sie stets die gleiche Antwort bekommt. Doch eines Tages rief ich beim Heimkommen: „Stell dir vor, was ich heute gesehen habe! Das rätst du nie!" Sie vermutete eher exotische Tiere als heimische, und so war sie erstaunt, als ich ihr von dem Rehbock erzählte.

Dazu fällt mir wieder eine lustige, aber wahre Geschichte ein, die mein Freund Peter erlebt hat. Er war mit seinem Onkel bei Verwandten in Niederösterreich zum Rehjagern eingeladen. Bei seinem ersten Ansitz im Donau-Auwald tauchte ein Elchschaufler aus dem Dickicht auf. Ungläubig zwickte er sich in den Arm, weil er dachte, das könne nur ein Traum sein.

Nach dem Ansitz kamen die Jäger wieder zusammen. In deren Runde polterte als Letzter der Onkel mit allen Zeichen höchster Aufregung herein.

„Ihr glaubt's ja net, was i grad erlebt hab. Des derrat's ihr nia! Setzt's euch nieder, sonst hauts euch aus die Schua!"

Um den Onkel ein wenig auf den Arm zu nehmen, verdarb ihm der Peter mit nüchterner Stimme die Pointe: „Was wirst denn scho' gseh'n ham! Höchstens an Elch!" Die Sensationsmeldung verpuffte wie ein geplatzter Luftballon. Damals tauchte tatsächlich in Niederösterreich ein Elch auf Wanderschaft auf.

So dramatisch ging es mir gerade nicht beim Anblick dieses einen Rehbocks. Doch ich beschloss, die ungeliebte Kanzel fleißig zu besetzten. Die kommenden Abende und Morgen verstrichen ohne Anblick eines roten Haars. Das war ich gewohnt, und so genoss ich die Stunden der Stille, wo nur der melodische Ruf der Kolkraben oder der schrille Schwarzspecht-Schrei mich unterhielten.

So saß ich wieder an einem Abend erwartungsvoll mit meinem Hund in der Kiste, als ferner Donner mich aufschreckte. Auch der Wind schien erwacht, und die Wipfel und Zweige rauschten und harften im beginnenden Vorgewitterwind. Gewitter beim Ansitz sind mir zu gefährlich. Dafür bin ich nicht der Nervenstärkste.

Einst war ich auch vor Donner und Blitz vom Hochstand geflohen. Anderntags suchte ich wieder meinen Ansitz auf, da sah ich, dass von dem nur noch wenig übrig geblieben war. Der Blitz war voll in die Kanzel gefahren und hatte sie zu Kleinholz gemacht.

Der Donner schien schnell näher zu kommen. Jetzt sah ich in den Wolken die ersten Flammenzeichen. Also hieß es entladen, zusammenpacken und heim ins Trockene. Bis in die Nacht

Die vom Sturm verschonte Kanzel

tobte der Sturm ums Haus, und am Morgen lagen überall abgerissene Äste im Garten. Jetzt trieb mich die Neugier hinaus, um zu schauen, wie's denn der Wald überstanden hätte. Hier waren Schneisen in den Bestand gerissen. Der Fichtenjungwald glich teilweise übereinandergeworfenen Mikado-Stäbchen. An anderen Stellen war der Sturm jedoch ohne Zerstörung hindurchgetobt. Dazwischen hatte er regelrechte Schneisen in den Wald gebrochen. Um zu meinem Hochstand zu gelangen, musste ich das Auto weit vorher stehen lassen. Hier war kein Durchkommen. Doch – o Wunder – meine Ansitzkiste stand unversehrt im Chaos der geworfenen Stämme. Ein starker, alter Baum war haargenau auf ihrer Rückseite niedergekracht, und davor ragte ein Gewirr von kleineren Stämmen und Ästen. Wer hätte hier den Ansitz nervlich ausgehalten?

Gleich am folgenden Tag begannen die forstlichen Aufräumarbeiten. Die würden noch viele Tage für Unruhe sorgen. An diesem Platz hieß es nun für mich: Jagd vorbei! Selbst an den nahe gelegenen Ansitzmöglichkeiten würde vorerst die Unruhe jede Chance auf Anblick verderben. Meinen ersehnten Bock würde ich hier vorerst kaum wiedersehen.

Das Revier ist groß, und so verlegte ich meine Ansitze weit entfernt in die vom Sturm verschonten Bereiche. Da wusste ich eine selten besetzte Kanzel, die nur über eine mit Ästen belegte Rückegasse zu erreichen ist. Daneben war dichtes Unterholz, also gab's nur diesen einen Zugang. Nachdem es reichlich geregnet hatte, waren die Äste nicht gar so krachdürr, dass jeder Schritt warnend zu hören war. Mein kleiner Dackel war ein wenig sauer, dass sein Herrle so einen Weg ausgesucht hatte. Doch bald waren wir an der Leiter und richteten uns droben gemütlich ein. Der Jockel bekommt immer eine kleine Unterlage, auf der er sich gleich zusammenrollt. Nur ab und zu hebt er die Nase, wenn der Wind ihm eine interessante Botschaft zuträgt. Hin und wieder werfe ich einen Blick auf ihn, denn seine Reaktionen haben mir immer wieder gezeigt, was mit den unzureichenden menschlichen Sinnen nicht zu erfahren ist. So zeigte er mir einst einen Rehbock an, den ich mit Sicherheit übersehen hätte, da er genau in meinem Rücken durchs Unterholz zog.

So war es auch an diesem Abend. Sehen konnte der kleine Kerl das Wild nicht, aber die feinen Botschaften, die der Wind ihm zutrug, sagten ihm und mir, dass Wild in der Nähe war. Langsam, wie ein Wendehals den Kopf drehend, guckte ich die Umgebung ab. Ein roter Schimmer hinter den Jungfichten wurde größer, kam hervor und war eine Geiß, der ihre zwei Kitze folgten. Das war ein Anblick, für den allein sich der Tag gelohnt hätte.

Langsam, wählerisch an den verschiedenen Pflanzen äsend, zogen die drei über die kleine Blöße. Jetzt sah auch der Jockel die Rehe durch die Öffnung der Kanzel. Außer einem leisen Zittern blieb er ganz ruhig liegen. Er wendete den Kopf, schaute mich an, als ob er sagen wollte „siehst du sie auch?"

Langsam stiegen die besonnten Flächen an den Stämmen der Bäume empor, vom wachsenden Schatten in die Höhe geschoben. Eine dreiviertel Stunde würde das Licht noch zum Ansprechen reichen. Diese Zeitspanne ist mir die feierlichste, da das Geheimnisvolle erwacht.

Jetzt musste ich schon das Glas hernehmen, um in die Schatten hineinzuschauen. Da zeigte sich an der gleichen Stelle, an der auch die Geiß herausgekommen war, ein Wildkörper. Wurde deutlicher, wurde ein Bock und – war der Gesuchte. Das eng gestellte Gwichtl war deutlich zu erkennen, und nach der Statur war er reif und jagdbar.

Im Knall versank er in den hohen Waldgräsern. Nur die blonde Bauchseite schimmert durch die Halme.

Aufatmen! Den vor Erregung ein wenig zitternden Hund streicheln. Er wusste, was nun kommen würde, und unsere Wartezeit bis zum Abbaumen wurde ihm lang.

Der Weg zum Bock war nicht weit, und gleich packte der Jockel den längst Verendeten an der Drossel. Beruhigend löste ich den Dackel von unserer Beute und legte ihn neben Rucksack und Büchse ab. Neben uns war ein alter Baumstumpf. Dahin zog ich den Bock und setzte mich dazu.

Bewundernd freute ich mich über das seltene Gwichtl. Es war nicht nur wegen der fast parallelen Stellung der Stangen eine seltene Beute, sondern es hatte keine Vorderenden. Nur fingerlang gezackte Hinterenden. Das gefiel mir besonders.

Bis die Nacht zur Heimkehr mahnte, saßen wir an dieser entfernten Revierecke beisammen. So weit hatte das Unwetter den Bock von seinem alten Einstand vertrieben.

Rehbock und Jäger, beide vom Winde verweht.

Freikugel?

Vorbeigeschossen? Beim Flintenschuss ist das ja meistens erklärbar. Man war zu weit hinten- oder vornedran, zu hoch, zu tief, stehen geblieben oder einfach nicht mit dem Lauf dort, wo er hätte hinschwingen müssen.

Doch mit der Kugel ein stehendes Ziel verfehlen? Meist weiß man selber, welche Fehler gemacht wurden. Verkantet, schlechte Auflage, fehlgeschätzte Entfernung, gewackelt, gemuckt und nicht durchs Feuer geschaut oder was es sonst noch alles an Ausreden und Erklärungen geben kann. Den nie fehlenden Schützen findet man dagegen nicht im Jagdrevier, sein Einstand ist der Wirtshaustisch. Der Ehrliche jedoch erkennt bei nüchterner Selbstkritik, nach erleichternder Serie von saftigen Flüchen sehr bald den Grund, warum das Kügerl ins Blaue oder Grüne ging. Aber es gibt auch völlig unerklärbare Fehlschüsse, für die man als erfahrener Schütze keine Ursache findet. Einige dieser unbegreiflichen Patzer, die sich im Lauf eines langen Jägerlebens ereignet haben, gehen mir nicht aus dem Sinn.

Besonders schmerzhaft ist es, wenn man auf einer Jagdreise in ferne Länder endlich, nach stundenlangem, mühevollem Aufstieg, das ersehnte Wild von seltener Stärke fehlt.

Mit meinem Freund Peter war ich zum wiederholten Mal im mongolischen Hochaltai zum Steinbockjagern. Wie auf unserer ersten Reise in dieses Land des weiten Himmels und der sternfunkelnden Nächte hatte mir der Freund wiederum seine Scheiring Kipplaufbüchse im Kaliber 300 Win.Mag. geliehen. Zu meiner braven 30/06 oder gar der 243er hatte ich wegen der wahrscheinlichen Entfernungen bzw. des starken Wildes kein Vertrauen, und so nahm ich dankbar die feine Büchse mit dem perfekten Zielfernrohr in Empfang. Sie war mir bereits eine bewährte Begleiterin, denn auf der ersten Reise erlegte ich mit ihrem punktgenauen Schuss auf ca. 200 m einen Steinbock. Zudem war ich mit der Funktion der Waffe vollkommen vertraut, da meine eigene Büchse vom selben Fabrikat ist.

Am Abend unserer Ankunft in unserem Lager auf 2.700 Metern Seehöhe in der Einsamkeit des Altaigebirges machten wir noch sicherheitshalber ein paar Kontrollschüsse. Die Kugeln saßen genau da, wo sie hingehörten. Beruhigt zogen wir uns in unsere Jurte zurück.

Noch im Morgendämmern brachen wir auf. Zunächst wollten wir mit dem Russenjeep weit ins Jagdgebiet hineinfahren, um uns dann getrennt, jeder mit seinem Jäger, in die Berge aufzumachen. Plötzlich, nach kurzer Fahrt, deutete mein Guide Darmaa aufgeregt voraus: „Wolf! Shoot, shoot, shoot!“

Am Berghang, keine 120 m weit, verhoffte ein Wolf. Da ich vorn saß und meine Büchse zwischen den Knien hielt, öffnete ich vorsichtig die Tür des zum Berghang gedrehten Jeeps und ließ mich zu Boden. Blitzschnell war die Patrone im Lauf. Sitzend konnte ich an der geöffneten Tür wunderbar anstreichen. Der rechte Ellbogen ruhte, wie immer bei einem Schuss im Sitzen, auf dem rechten Oberschenkel. Ruhig brach der wohlgezielte Schuss auf den breit stehenden Grauen.

Was war das? Ich traute meinen Augen nicht! Weg war der Wolf! In langen Fluchten sahen wir ihn hoch oben im Berg vollkommen gesund zwischen den Felsen verschwinden. Ich war wie betäubt. Das war doch nicht möglich? Ein zwar eilig, aber vollkommen konzentriert abgegebener Schuss! Ich wollte mir am liebsten irgendwo hinten reinbeißen. Die Anschusskontrolle ergab nur das negative Ergebnis.

Der sogleich abgegebene Kontrollschuss saß jedoch perfekt. Hatte da der Samiel seine schwarzen Finger auf die Kugel gedrückt? Lange, voll nagendem Zorn musste ich an der verpatzen Gelegenheit kauen, doch dann tröstete ich mich, dass es sogar eher ein Glück war. Ein Glück für den Wolf, es hätte vielleicht

Mit der Freikugel erlegt

eine, jetzt im Juni noch säugende Fähe gewesen sein können. Dann war nicht Samiel, sondern Hubertus ihr Retter.

Die Mongolen als Viehzüchtervolk sehen im Wolf den Erzfeind. Daher das drängende „shoot, shoot!" Verständlich, denn es gibt, seit der Staat souverän ist, keine Abschussprämien mehr, und die Grauen vermehren sich prächtig auf Kosten des Viehs. Was Wölfe an Wild mit ihrem naturgemäßen Anrecht erbeuten, sieht man auf jeder Pirsch an den umherliegenden, wettergebleichten Gebeinen. Es sind meist hochkapitale Steinbock- oder Argalischädel, die von einsamen Schneedramen erzählen. Gerade die starken und daher schwereren Stücke brechen auf der Flucht bei hohem Schnee eher ein und werden so zur leichten Beute.

Darmaa schüttelte betrübt den Kopf. Er riet zu einem Trankopfer für die Geister, denn auch er konnte sich meinen Fehlschuss auf die kurze Entfernung nicht erklären.

An einem Owoo, der am Weg lag, machten wir Halt. Das sind jene Steinpyramiden, wo jeder Vorbeikommende den Geistern ein Opfer bringen muss, und sei es nur ein Stein. Nach Meinung von Darmaa sei es am wirksamsten, wenn ich ein Alkoholopfer brächte. Im Uhrzeigersinn den Owoo dreimal umrunden und mit dem alkoholbenetzten, rechten Mittelfinger in alle Himmelsrichtungen opfern, so verlangt's das Ritual.

„Na schön", dachte ich zweifelnd, „wenn's dich beruhigt, dann opfere ich halt ein paar Tropfen meines kostbaren Gebirgsenzians."

Aber die Unglücksserie sollte hiermit noch nicht beendet sein. Ich muss vorausschicken, dass ich als erfahrener Bergjäger mit eigenem Gamsrevier und dessen Höhenlagen bis zu 2.600 Meter bestens mit den besonderen Gegebenheiten des Hochgebirges vertraut und auch die Steigerei in dünner Luft durchaus gewohnt bin. Einzig und allein ist im Altai das genaue Schätzen der Entfernung in der kristallklaren Luft in über 3.000 m Höhe, wo es weder Baum noch Strauch und somit keine Vergleichsmöglichkeit gibt, ein kleines Problem. Bei nur blankem Fels und einem Wild, dessen Größenmaßstäbe einem nicht allzu geläufig sind, kann es ebenfalls zu Fehlschätzungen führen. Doch selbst bei Annahme, das asiatische Steinwild entspräche der Größe eines mittelstarken Rotwilds, kann sich der Bergjäger in der Entfernung nur gering verschätzen. Die gestreckte Flugbahn der Patrone bringt zusätzlich Sicherheit. Ein Entfernungsmesser war seinerzeit noch unüblich.

Beim Aufstieg in die Berge entdeckten wir ein 75 köpfiges, teilweise schlafend auf der Seite liegendes Bockrudel, das wir wohlgedeckt aus weiter Entfernung stundenlang beobachteten. Solange das Wild ruht, so sagten mir die einheimischen Jäger, hat man keine Chance, erfolgreich heranzukommen. Deutlich sah ich ihre Wächter, die erhobenen Hauptes die schlafenden Alten sicherten. Sobald sie jedoch wieder äsend unterwegs sind, kann man sie vorsichtig anpirschen. Im Gegensatz zum Steinwild in meinem Allgäuer Revier, das den Menschen nicht scheut, weil es nie bejagt wird, flüchten die Sibirier bereits auf kilometerweite Entfernung, sobald ein Feind auftaucht.

In jenem Allgäuer Revier gab es einen schmalen Steig entlang des östlichen Bergkamms unterhalb des Rappenkopfs. Da lagerten zu gerne die Steinböcke. Da man bei der Gamspirsch auf diesem schmalen Steig an ihnen vorbei musste und sie wegen der Steilheit des Geländes nicht umgehen konnte, war man gezwungen, die Herrengesellschaft mit Steinwürfen aufzumüden. Diese sogenannte paradiesische Vertrautheit ist nicht naturgemäß, denn sie entsteht immer aus der Tatsache, dass die Beutegreifer fehlen. Glaube niemand, dass die Wölfe im Paradies mit Soja-Chips oder Manna ernährt wurden.

So wunderte ich mich, als wir auf der Anreise in Ulan Bataar Station machten, über die Maral-Hirsche, die gemütlich wiederkäuend neben den Straßen der Mongolischen Hauptstadt lagen. Man sagte mir, das Umland der Stadt sei aufgrund des buddhistischen Glaubens ein großes Schutzgebiet, in dem kein Tier getötet werden dürfe.

Hier im Altai lief nun das natürliche Kontrastprogramm, da Beutegreifer Wolf und Mensch die Sinne zum Überleben wach halten.

Am Nachmittag, nachdem auch wir ausgiebig Siesta gehalten hatten, erhoben sich endlich die Herren Böcke und zogen langsam bergan.

Indessen waren wir in Deckung zum oberen Berggrat aufgestiegen. Dort legte ich mich auf die Lauer. In aller Ruhe konnte ich mir meine Beute aussuchen. Näher und näher zogen sie. Bereits hatte ich, im Anschlag liegend auf einen Kapitalbock eingestochen, da verdarb mir der zweite begleitende Jäger Gombodordsh die einmalige Chance. Er war mir nachgekrochen und löste dabei eine kleine, prasselnde Steinlawine aus. Verdammt! Aus der Traum! Staub aufwirbelnd preschte das Rudel auf Nimmerwiedersehen über die nächsten Berge.

Vergebens pirschten wir ihm nach, umrundeten das ganze Bergmassiv und stiegen dann, da der Tag zur Neige ging, enttäuscht zu unserem Geländeauto am Ausgangspunkt ab. Auf der Fahrt zu den Jurten hielten wir immer wieder an und glasten die Berge ab. Da entdeckte der adleräugige Gombodordsh ein kleines Bockrudel hoch im Berg. Unter ihnen war ein besonders starker, der, ein Zeichen des Alters, schon eine ganz helle, fast cremefarbene Decke trug. Sogleich stiegen wir in aller Eile auf, denn es war schon spät am Tag. Nach einer Stunde scharfen Steigens waren wir auf einem Felsgrat, von wo aus man zu den Böcken hinabblicken konnte.

Die Jäger erklärten mir, man hätte, wenn man das Wild von unter her angehen wollte, keine Chance. Sie sichern stets nach unten hin, denn von da kommt der Wolf. Selten käme er von oben, und so hat auch der Jäger von dort aus die besseren Aussichten.

Die drei Böcke zogen äsend einen Hang hinauf, an dessen oberem Ende sie für mich in bester Schussentfernung stehen würden. Der Wind passte, zwar ging er schon bergab, doch hinter mir war ein Graben, zu dem die Luft hinzog. Ich richtete mich sorgsam zu einer sicheren, liegenden Schussposition her. Rucksack untergelegt und die Büchse darauf gebettet. Nach einer halben Stunde erschien der erste Bock aus der Überriegelung, dann noch einer und als dritter der hellfarbene. Ein wahrer Kapitalbock mit weit geschwungenen Hörnern. Ruhig zogen die drei immer näher. Als der Starke in etwa 150 Metern breitstehend vor einem markanten Felsbrocken verhoffte, krachte mein ruhig gezielter Schuss. Hinter dem Bock sah ich es stauben, wie's auch bei einem Treffer ist, wenn das Schnitthaar fliegt, oder der Geschossrest auf Fels trifft. In panischer Flucht stoben alle Böcke davon.

„Jetzt, jetzt muss es ihn jeden Augenblick werfen!", dachte ich und fuhr mit dem Zielfernrohr mit. Doch gleich hinter einer Felsmauer waren sie außer Sicht. Völlig sicher, dass kurz dahinter der Verendete liegen müsse, gingen wir zum Anschuss, der leicht zu finden war. Nichts, auch nicht der geringste Schweißspritzer war auf dem hellgrauen Gestein zu entdecken. Und dann, weit, weit hinter der Steinmauer, sah man in der Ferne die drei gesund den gegenüberliegenden Berghang hinaufziehen.

Ich war vernichtet. Mein Vorrat an Flüchen war erschöpft.

Die zwei Begleitjäger wollten mit meiner Büchse die Verfolgung aufnehmen, doch ich konnte sie mit meinen wenigen Russisch-Brocken zurückhalten, weil keinerlei Schweiß zu finden war, zumal der Anschuss durch den Kugeleinschlag auf dem Gestein deutlich erkennbar war. „Nix rot", sagte ich auf Russisch, „kein Schnitthaar", sagte ich, und riss mir demonstrierend ein Büschel Haare aus. Es war ja wirklich zum Haareausraufen!

Der wiederum abgegebene Kontrollschuss saß perfekt und machte das Rätsel unlösbar. Womit hatte ich die Berggeister wohl beleidigt? Die Mongolen empfahlen dringend ein besonderes Trankopfer für die Geister. Nicht umsonst hieß einst die Mongolei „das Land der Dämonen".

„Be generous!", riet Darmaa. „The ghosts are very angry!"

Wieder hielten wir an jenem Owoo, den ich innerlich so belächelt hatte. Diesmal war ich wirklich „generous", und zum Schluss kippte ich, verzweifelt wie ich war, noch den restlichen Inhalt des Flachmanns auf die Steinpyramide. Es fehlte nur, dass ich wie Kaspar im „Freischütz" beim Gießen der Freikugel ausrief: „Samiel, hilf!"

Bei Rückkehr in die Jurte hörte ich kaum noch die tröstenden Worte des Freundes und fiel nach dieser neunzehnstündigen, vergeblichen Marathon-Pirsch todmüde auf mein hartes Lager.

Zwei Tage darauf stand in einem kleinen Steinbockrudel der Bock aller Böcke. Weit war's, gut an die 250 m. Und hoch hinauf musste ich schießen. Auf den Schuss hin kugelte er verendet auf dem uns gegenüberliegenden Abhang herunter, fast bis zu uns herab. Vor Freude konnte ich mich kaum fassen und umarmte den glückstrahlenden Darmaa.

Die Freikugel hatte getroffen. Zauber der Mongolei.

Jäger sind doch nicht abergläubisch! Oder?

Der Kapitale wird feierlich abgekocht.

Vis-a-vis

Nachdenklich steht Markus, mein guter Jagdfreund, vor einem meiner Hirschgeweihe.

„Warum“, fragt er, „steht hier auf dem Geweihtaferl *Vis-a-vis*? Was bedeutet das?“

„Komm, setz dich her“, sage ich, „mach’s dir bequem und lass dir erzählen, warum ich das draufgeschrieben habe. Zuvor aber muss ich dir das kleine, gleichnamige Gedicht von Christian Morgenstern aufsagen, damit du verstehst, was mit damit gemeint ist.“

Ein Hase sitzt auf einer Wiese,
des Glaubens, niemand sähe diese.

Doch, im Besitze eines Zeißes,
betrachtet voll gehaltnen Fleißes

vom vis-a-vis gelegnen Berg
ein Mensch den kleinen Löffelzwerg.

Ihn aber blickt hinwiederum
Ein Gott von fern an, mild und stumm.

Dieses Gedicht passt genau zu dieser Hirschgeschichte. An die letzten zwei Zeilen jedoch möchte ich mich gern bei allem jagdlichen Tun erinnern.

In unserem Oberallgäuer Revier hatte ich eine Lieblingsbergtour. Es war gegen Ende August, die Blattzeit war schon vorbei. Für Rot- und Gamswild Feistzeit. Von unserem Jagdhaus aus bin ich oft mit meiner BGS-Hündin Silva über die Stillach und dann hinauf über einen höllisch steilen Steig, den „Kniebrecher“ zum hoch gelegenen Griesgund gestiegen. Mein Zielpunkt war die weit hinten im Tal gelegene Glei-Alpe, wo ein Weg dann wieder abwärts zur Breitengehren-Alpe führt. Diese Pirsch in luftiger Höhe unter den Gipfelwänden ist auch ohne jagerische Absichten ein Genuss. Man schaut auf die jenseitigen Berggrate, wie Trettach und Mädelegabel, die unser Revier begrenzen. Allein dieser Ausblick war jede Schinderei wert.

Vom Griesgund aus geht der Steig unter den Wänden mit geringem Auf und Ab am Guggersee vorbei. War's sommerlich warm, so bin ich oft nach einer kurzen Rast pudelnackt zu einem kleinen Bad ins kristallklare Bergwasser gehupft.

Wenn ich hier oben bei sommerlichem Wetter Jagderfolg haben wollte, hieß es, schon im ersten Licht droben zu sein.

Der Höhenweg unter den Wänden.

Da ging ich oft in Begleitung von unserem Jäger Bernd. Ich gesteh's, wenn ich weiter vorn bei dieser Höhenpirsch zu Schuss gekommen war, überließ ich gern dem Bernd das Tragen eines oft bis zu 35 Kilo schweren Feist-Gamsbocks. Ab dem Bereich des Guggersees war für mich das Liefern ein wenig bequemer.

Auf den steilen Grashängen ließ sich ein Gams gut und bequem in der Direttissima bergab gleitend zu Tal liefern.

Nach dem See ging mein Weg durch teilweis' stubenhohe Latschengassen nach Süden über den Scheidbichl hinunter zur Glei-Alpe. Hier, auf der Alpfläche vom Taufersberg unterhalb des Rossgundkopfs hab' ich vor Jahren meinen besten Hirsch, den Butsch erlegt. Diese Geschichte erzähle ich in meinem Buch *All das ist Jagd.*

An diesem Platz wollte ich mir an jenem Tag eine letzte Rast gönnen. Denn dann ging's auf schmalen Serpentinen an der Glei-Alpe vorbei ins Tal. Drunten angelangt, kehrte ich, wie immer nach dieser Tour, bei der Breitengehrenalpe ein.

An der Abbruchkante zum Tal hatte ich damals einen guten Platz gefunden, von dem ich die gegenüber – also *vis-a-vis* – liegenden Hänge abglasen konnte. Von hier ging der Blick zum jenseitigen weiten Grashang, dem Peters Älpele, wo gerne Wild steht.

Gar nicht lange musste ich suchen, bis ich einen starken Wildkörper in die Linsen bekam. Also Spektiv raus und eine gute Auflage gesucht. Gleich hatte ich einen mittelalten Hirsch in Anblick. Offenbar ein ungerader Zehner. Der, dachte ich mir, würde wunderbar passen, jetzt noch vor der Brunft. Die reifen Hirsche, also die Einser, wurden bei uns erst in der Brunft bejagt. Der wäre ein gut passender Feisthirsch. Den wollte ich mir in den folgenden Tagen genauer anschauen.

Nach einer guten Stunde war ich drunten und konnte gemütlich an der Breitengehrenalpe Brotzeit machen. Um diese Tageszeit war die Bühne auf dem oberhalb liegenden Peters Älpele wildleer.

Tolli, die bildsaubere, junge Sennerin bewirtete mich mit selbst gebackenem Brot und würzigem Bergkäs' aus eigener Herstellung. Wer sich über ihren lustigen Namen wundert: Ja, der ist allerdings lustig und selten. Es ist eine Form von ihrem Taufnamen *Theodolinde.* Ihrem alten Papa gefiel dieser Name einer antiken Kaiserin recht gut. Und überdies, so sagte sie mir, sei es ein Mix der elterlichen Vornamen. Der Papa heißt Theodor und die Mama heißt Sieglinde.

Immer, wenn ich vor oder nach der Jagd bei ihr einkehrte, setzte sie sich eine Weile zu mir. Die strohblonde junge Frau mit ihren leuchtend blauen Augen war absolut kein allemannisch-dunkler Typ, den man hier im Oberallgäu vermutet hätte. Aber es gibt hier eine ganze Reihe solch nordischer Typen, die man eher auf einer Hallig erwartet hätte. Gerne ließ ich mir von ihr zeigen, wie sie hier auf der Alpe den Bergkäs' machen. Dafür fragte sie mich über Jagd und Wild aus, während sich ihr Bruder, der Peter mehr im Hintergrund hielt. Man wird verstehen, dass es mir so auch lieber war als umgekehrt.

Aber nun zurück zu meinem Hirsch, der ja noch lange nicht der Meine war. In den nächsten Tagen war ich schon im Dunkeln unterwegs zu einem Platz oberhalb der Alpe am Rand des Latschengürtels, der die weite Fläche von Peters Älpele nach oben hin bis zu den Gipfelwänden begrenzt. Dort war ich seitab vom verräterischen Wind, mochte er bergauf oder bergab ziehen. An allen nächsten Abenden führte mich mein Weg zum Ansitz an der Breitegehren Alpe vorbei. Ein lustiges Wort und ein zwinkerndes Weidmannsheil gab mir die Tolli immer mit auf den Weg. Alle guten Wünsche lockten jedoch meinen Hirsch nicht hervor. Mehrmals jedoch hätte ich einen Rehbock und sogar einmal eine einschichtige, alte Gamsgeiß erlegen können. Doch mein Sinn war zu sehr auf den Hirsch fixiert.

An einem Abend aber, als ich wieder unterhalb der Alpe meinen Pickup geparkt und an der Hütte vorbei zu meinem Ansitz hinaufging, sprach mich die Tolli an.

„Jeden Tag seh' ich dich da mit deinem Hundl vorbeigehen. Hast wohl kein Glück? Sind doch genug Gams da."

„Nein", sagte ich, „auf die Gams bin ich garnet aus, ich such da einen Hirsch, den ich vom Taufersberg aus hier vis-a-vis am Peters Älpele gesehen hab'."

„Dees is gwiss der Zehner, den ich jeden Tag seh'?

Drunten liegt die Hütte

„Du siehst einen Zehner? Und das auch noch jeden Tag? Vielleicht ist es der, den ich such? Wann siehst du den?“

„Alle Tag, wenn ich hinauf zum Melken geh’, steht auf’m Älpele so umara elfe, a recht a guater Hirsch, i glaub es is a Zehner.“ Sie deutete hinauf: „Da drob’n, gleich unterhalb von die Latschen. Probier’s halt morgen amal!“

„Mei, Tolli, wenn des der Hirsch is’, den ich such, den ich von vis-a-vis gesehen habe, dann hast du dir wirklich eine Belohnung verdient.“

Ja, das Ende der G’schicht’ ist jetzt schnell erzählt. Am nächsten Vormittag bin ich in aller Gemütlichkeit gut ausgeschlafen ins Tal hineingefahren und hinauf zum Ansitzplatz, den ich mir tags zuvor ausgeguckt hatte. Und tatsächlich, kaum seh ich die Tolli mit ihrem Melkeimer vor der Hütte, zieht plötzlich aus den Latschen der Hirsch. Er war’s, den ich von vis-a-vis entdeckt hatte. Ich seh’s noch wie heut’. Auf einem kleinen Grasbuckel stand er und äugte ins Tal. Der Schuss warf ihn von seinem Auslug in eine dahinter liegende Senke. Ich sah nur noch seine steil empor ragenden Läufe, die sich langsam niedersenkten.

Vom schnellen Glück noch ganz benommen, hab’ ich mich erst einmal beim Erlegten hingesetzt und mich an meiner Beute erfreut und darüber nachgedacht, wie vom Entdecken vis-a-vis nur Tollis Hinweis den Erfolg gebracht hatte.

Ganz in diese Betrachtungen war ich versunken, da stand auf einmal die Sennerin hinter mir. Ich hatte sie gar nicht heraufkommen geseh’n. Meine Silva hat sie sonderbarerweise ohne zu brummen zum Hirsch gelassen, ein Zeichen, dass sie die Tolli recht gern hatte. Sie ist zum Hirsch hin, hat sich niedergekniet und hat ihn ganz liebevoll über die Stirn gestreichelt. Doch dann hat sie mir besonders lieb gratuliert.

Markus steht auf und reicht mir die Hand. „Das ist ja eine Geschichte wie aus einem Heimatfilm, so mit Sennerin und Jager. Du hast mich auf eine wunderbare Pirsch mitgenommen, bei der ich nicht vis-a-vis gestanden bin, sondern ich war direkt mit dabei. Zu dem Hirsch mein herzliches Weidmannsheil.“

Der Schneebock

Endlich sind wir wieder im Bergrevier, endlich ist's wieder Mai. Noch glänzen die Höhen im Schnee, aber im Tal und in den tieferen Lagen hat grüner, hoffnungsvoller Frühling den Winter endlich besiegt.

Eilig packen wir in unseren Stuben im Jagdhaus die Reisetaschen aus. Schnell verstaut meine Frau noch die nötigen Dinge im Kühlschrank, dann aber zieht es uns mit Macht hinaus ins Revier. Wir wollen es langsam angehen lassen, so ganz ohne besondere jagerische Gelüste die Wiederkehr genießen und uns ein wenig nach den Rehen umschauen. Noch ist keine Eile, Bock oder Schmalreh zu erlegen, zudem reizen uns die nachwinterlich struppigen Rehe wenig, es sei denn, die leere Tiefkühltruhe mahnt.

Jetzt am Spätnachmittag wollen wir nur einen kleinen Gang machen. Nicht weit vom Jagdhaus führt der Weg übers kleine Brückerl. Darunter rauscht mit schäumenden Schmelzwassern die Stillach zu Tal. Unterhalb des steilen Bergwalds liegen sanft zum Fluss geneigte Wiesen. Hier steht gerne das Wild auf dem frischen Grün. Oft sind's tagsüber schon die Rehe, und wenn die Dämmerung naht, taucht das Rotwild auf. Der Wind passt, und wir hocken uns nach kurzem Umblick auf einen Wurzelstock am Wiesenrand. Unsere Schweißhündin Silva sitzt aufmerksam neben uns. Sie ist schon voller Spannung nach den jagdlosen Monaten. Als ich beim Fortgehen die Büchse vom Haken nahm, war sie ganz außer sich vor Glück. Freilich freut sie sich auch sonst wie narrisch, wenn's auch nur ein Spaziergang wird, doch wenn wie heut' die Büchse mitgeht, dann sagt ihr das deutlich: jetzt wird's ernst.

Die etwa achtzig Meter breite Wiesenfläche ist von unserem Platz aus etwa fünfhundert Meter weit gut überschaubar. Nichts kann uns von hier aus entgehen. Linker Hand reihen sich die ostseitigen Berge in den Abendhimmel. Trettach, Mädelegabel, Bockkarkopf, Hochfrottspitze und weiter ins Tal hinein der gamsreiche Heubaum. Dahinter erhebt sich, schon abendlich rot überhaucht, der Linkerskopf. All das Stätten herrlicher Pirschen und Erlebnisse. Sämtliche Gipfel in der Runde bilden bis hinauf zu den Graten die Reviergrenze. Wegen ihrer Steilheit sind sie im oberen Teil weitgehend unbejagbar. Dennoch bekam ich vor kurzem von einem Bekannten ein Foto zugeschickt, das ein Steinbockrudel hoch oben unter den Gipfelschrofen der Mädelegabel zeigt. Und die ist immerhin 2.645 m hoch.

Zur rechten Bergseite geht es steil hinauf zum Hochgund und zu den darüber ragenden Hammerköpfen. Diesen Anstieg muss man sich verdienen, auf jeden Fall wenn's wieder heimzu geht. Dann nämlich wird einem bewusst, dass dieser schmale Steig den verlockenden Namen „Kniebrecher“ trägt.

So kann man sich hineinträumen in vertraute Wege, die oft am Linkerskopf begannen oder dort endeten, wenn einen die Pirsch vom hinteren Tal aus dorthin führte. Der Einkehrschwung war stets in der auf halber Höhe liegenden Enzianhütte. Bevor's dann auf schmalem Steig zu Tal ging, konnte man bei stärkender Brotzeit und Bier den Murmelen zuschauen, die in allernächster Umgebung hausten.

Aber jetzt ruft mich guter Anblick in die Gegenwart zurück. Ein Reh zieht in vielleicht 150 Metern Entfernung in die Wiese. Gleich darauf noch eins und ein drittes. Spektiv ausgezogen! Denn das letztere ist ein Bock. Unsere Bergstecken als Auflage überkreuz in den Boden gesteckt, so kann ich ihn gut ansprechen. Ein starker Sechser mit langen Enden, auch nach der Figur hätte er das jagdbare Alter. Mit der starken Vergrößerung sehe ich ein wenig geperltes, aber ideal geformtes Gehörn. Auffallend ist dessen jetzt schon Ende Mai sehr dunkle, fast schwarze Farbe. Der Bock fegt wohl gerne an Erlen. Deren Säfte färben ja bekanntlich sehr stark. Als ich meine Frau fragend anschaue, ob das wohl was für sie wäre, schüttelt sie nur den Kopf.

„Nein“, sagt sie, „aber – wär’ das nicht was für den Wolfgang?“

Im Jahr zuvor hatte der Freund hier unglaubliches Pech. Es wollte und wollte nicht klappen. Alle jagdbaren Böcke hatten wohl das Land verlassen, und als endlich ein passender vor die Büchse kam, war’s dem Freund zu weit. Das musste ich ihm zwar hoch anrechnen, dass er auf eine ihm ungewohnte Entfernung nicht schießen wollte, doch eine zweite Chance ergab sich nicht. Dafür wollte ich ihn, als partout kein Bock passte, mit einem sicher bestätigten, absolut standorttreuen Gamsbock für seine Geduld belohnen. Doch dieses Unternehmen scheiterte an seiner Höhenangst, weil er dazu in einer schmalen Rinne steil bergab steigen sollte. So reiste er mit blankem Büchslauf wieder heim. Gegen solche Ängste gibt’s kein Rezept. Es ist auch kein Grund zum Spott. Dafür soll er diesmal mit diesem, hoffentlich standorttreuen Rehbock belohnt werden.

Ob ich wohl die Mitjäger bitten sollte, den Finger an diesem Platz gerade sein zu lassen? Normalerweise ist das in Bezug auf Rehwild kein Thema. In diesem Revier geht ja alles Hoffen und Sehnen in Richtung Hirsch und Gams. Rehböcke gelten hier nur als willkommener Beifang. Obwohl in diesem Revier schon wirklich kapitale Trophäen erbeutet wurden. Aber das war stets reine Zufallsbeute.

Doch lieber lass’ ich es sein. Wozu schlafende Hunde wecken. Schlechte Erfahrungen brauchen keine Wiederholung. Ich will’s dem Zufall überlassen, zumal dieser Bereich selten begangen wird, denn bald wird diese Alpe wieder mit Kühen beweidet werden. Und wer weiß, wo dieser Bock dann seine Fährte ziehen wird.

Später rufe ich den Freund an und lade ihn auf diesen Bock ein. Seine Freude kennt keine Grenzen. Er plant, baldigst zu kommen. Doch dann verschiebt sich seine Anreise immer weiter in den Sommer hinein, und schon ist’s Blattzeit.

Immer wieder schauen wir nach dem Bock. Das ist manchmal eine ungemütliche Sache. Das Vieh ist an diesem Platz keine Fremden gewöhnt und verwildert geradezu im Lauf des Sommers. Mit hochgestellten Schwänzen geht dann das Jungvieh im Karacho auf einen los. Einmal rettete mich nur ein Sprung über den Zaun einer kleinen Schonung. Den zuvor erlegten Bock musste ich liegen lassen, bis sie dessen Bewachung endlich aufgaben. Doch jetzt sind alle unsere Gänge erfolglos. Wahrscheinlich tritt der Bock am jenseitigen Ende der Wiese aus, wo das Gelände zur Brünst hinauf sanft ansteigt.

Dieser weiträumige Platz ist ein total verbuschter Schlag. Sein Name stammt wohl von einem lange zurück liegenden Brand, der den Baumbestand vernichtet hatte. Jetzt ist er zugewuchert mit Himbeerstauden, Holunder und Latschen. Ganz wenige Lücken gewähren Einblick zu den Wechseln. Dort konnte vor einiger Zeit meine Frau den „Himbeerbock" erlegen, der dann im Titel und Kapitel eines meiner Bücher verewigt wurde.

Dann ist's August, und der Wolfgang kann endlich anreisen. Wir wollen es zuerst in der Brünst versuchen. An deren Rand erhebt sich ein kleines Felsköpferl, darauf bietet ein niedriger Hochstand bequem Platz für uns beide. Dort haben wir beste Übersicht ins Gelände. Zum ersten Ansitz schleichen wir in sternübersäter Sommernacht auf schmalem Steig langsam und vorsichtig hinauf. Beim beginnenden Büchsenlicht schlüpft ein rehroter Wildkörper durch den Bewuchs. Es geht zu schnell, um zu erkennen ob's ein Bock oder gar was für ein Bock das war. Unser Hoffnungsbarometer steigt. Nach einiger Zeit geht's ein gutes Stück weiter oben im Hang rot auf. Ein Bock. Ein guter Bock. Zwar nicht der gesuchte, doch das ist in diesem Fall nicht mehr wichtig. Der passt! Doch wiederum ist es weit, und der liebe Wolfgang hat Bedenken wegen seiner Büchse, der er den weiten Schuss nicht zutraut. Aufs Blatten reagiert der Bock nicht. Bevor er sich weiter hinauf verdrückt, sollte der Freund schießen. Jetzt schiebe ich ihm meine Scheiring im Kal. 243 hin, mit der er schon vertraut ist.

„Halt nur genau aufs Blatt!“, raune ich ihm zu. Im Knall der kleinen Kugel ist der Bock verschwunden. Ein paar Himbeergerten schwanken noch, dann rührt sich dort droben nichts mehr. Fragend schaut der Freund mich an. Ich klopfe ihm freudig auf die Schulter. „Weidmannsheil, der liegt.“

Droben führt uns meine Silva zu dem starken, hoch aufhabenden Bock, der mit gutem Schuss im Knall weggesunken war. Der Wolfgang schaut prüfend zu unserer Kanzel hinunter.

„Oh Mann“, sagt er, „das war weiter als ich dachte.“ Ich hatte ihm zuvor nichts über die Entfernung gesagt, das hätte ihn nur verunsichert. Doch ich kenne die örtlichen Entfernungen zu gut und weiß, was meine Büchse mit der kleinen Kugel leisten kann.

Glücklich buckelt er sich seine erste Bergbeute auf und lehnt sogar stolz ab, als ich ihm die Büchse abnehmen will. Hier im dichten Bewuchs hat er beim Bergabgehen gar keine Höhenangst mehr, obwohl es ziemlich steil hinunter geht. Die Erlegerfreude tut da auch ihr Übriges. Bald sind wir unten an der Stillach, wo er den Bock versorgt.

Nach der Abreise des Freundes beschließen meine Frau und ich, dass nun wir uns um den zuerst ausgemachten Bock kümmern wollen. Wer ihn zuerst sieht, der soll ihn auch erlegen.

Doch alle Ansitze, Pirschen und Blatt-Arien zaubern den Gesuchten nicht herbei. Zudem gilt nun mein Suchen und Sehnen einem ganz besonderen Feisthirsch. Es ist ein ungerader Zehner, den ich noch in der Schonzeit gegenüber der Brünst, also jenseits der Stillach, ausgemacht hatte. Dieser Platz, Stiegemne genannt, erstreckt sich von der Talstraße aus hinauf zum Sattel des Wildegundkopfs. Hier ist gut hocken und schauen, sogar bis hinüber zur Brünst kann man mit dem Spektiv noch Wild ansprechen. An den Rehbock denke ich schon lange nicht mehr. Vielleicht hat ihn einer der Mitjäger erlegt, und es erschien ihm nicht weiter wichtig, den Kollegen davon zu erzählen. Den Zehner wollte ich noch vor der Brunft erlegen, denn in der Brunft sind laut interner Abmachung nur die Einserhirsche frei. Die Jagd auf alles andere Rotwild hat Pause zu machen, bis alle Einser erlegt sind. Jährlich sind es drei, manchmal auch vier bis fünf, und heuer bin ich nicht dran.

Ende September sind wir endlich wieder im Tal. Rings ums Jagdhaus hören wir schon im ersten Dämmern die Hirsche melden. Heuer sind wir nur als Beobachter dabei, doch das ist in diesem Fall genauso schön. Wer auch immer der Erleger sein wird, wir freuen uns mit ihm. Alle anwesenden Mitjäger hoffen und bangen mit ihm, denn es ist hier zudem der Brauch, dass zur festlichen „Hirschfeier" alle vom Erleger eingeladen werden. Im Jahr zuvor war ich der glückliche Gastgeber.

Drei der Erntehirsche wurden schon vor unserer Ankunft erlegt. Jetzt werden wir als Beobachter eingeteilt und fahren zu den Plätzen, wo sich Brunftgeschehen abspielt. Das Wetter ist eigentlich viel zu warm für eine klassische Hirschbrunft. Entsprechend faul melden auch die Hirsche, und erst gegen Mitternacht hört man heftigeres Röhren. Dennoch hat Sepp, der Hauptpächter, in aller Früh' seinen Kapitalen erlegt. Entsprechend entspannt ist nun die allgemeine Stimmung, denn solange er nicht erfolgreich war, geht hier alles auf leisen Sohlen.

Doch jetzt ist er in bester Stimmung und stachelt mich an, doch gleich am Abend nach meinem ungeraden Zehner zu schauen. Dieser Hirsch wird auch in der gleichen Revierecke vermutet, wo der Sepp seinen Einser erlegen konnte.

Bereits am Abend kommt heftiger Wind auf, der sich zum Sturm steigert. Es wird merklich kälter und kälter. Ein dramatischer Wettersturz verfinstert den Himmel. Bald fegen die ersten Schneeflocken aus niedrig hängenden Wolken, und im Nu ist alles weiß. Es schneit und schneit die ganze Nacht. Als ich am Morgen aus dem Fenster schaue – Weihnachtsstimmung in Berg und Tal. Nichts Ungewöhnliches Anfang Oktober, doch ich muss jetzt meine jagdlichen Pläne ein wenig umbauen.

In diesem riesigen Revier gibt es noch weitere jagdbare Hirsche, da will ich mich nicht auf einen bestimmten festlegen. Eine Fahrt ins hintere Tal ist zurzeit nicht ratsam, denn die Schneemassen auf dem noch warmen Boden haben schon zu oft die schmale Talstraße unpassierbar gemacht. Falls man da mit dem Pickup hinten im Tal war und weiter vorn an der tückischen Engstelle eine Lawine abging, war man gefangen. Unser Revierjäger Bernhard meint, ich soll es an der Stiegemne probieren. Hier geht ein Fernwechsel zur talaus gelegenen Fütterung, hier kann durchaus ein mir noch unbekannter Hirsch auftauchen.

Unter einer Randfichte finde ich einen großen Steinbrocken, auf dem ich gut mein Sitzpolster auflegen kann. Den Rücken kann ich an den Stamm einer mächtigen Fichte anlehnen, sodass meine Silhouette nicht allzu auffällig ist. Silva, unsere BGS-Hündin ist mit meiner Frau an einem Platz, der ganz in der Nähe liegt, wo wir im Mai den Rehbock entdeckt hatten. Jetzt, wo die Einserhirsche erlegt sind, können wir auch mit dem Abschuss von Kahlwild beginnen. Jedoch weder Morgen- noch Abendansitz bringen mir Anblick. In der Nacht heult ein Föhnsturm mit warmem Gebraus durchs Tal. Da spare ich mir den Morgenansitz.

Als volles Tageslicht die Landschaft erhellt, ist alles Weiß zart golden überhaucht. Den Allgäuern ist dies eine bekannte Erscheinung. Es ist allerfeinster Sand aus der Sahara, den der Föhn aus dem Süden mitgebracht hat.

Es taut mit Macht. Bald steige ich wieder zu meinem Ansitz unter der Wetterfichte. Ganz still ist es im Hochwald. Nur hin und wieder fallen mit dumpfem *wuff* große Schneebatzen von den Ästen. Diesmal werde ich schon nach kurzem Ansitz mit gutem Anblick belohnt. Drei Stück Kahlwild ziehen unterhalb von mir durch den Bergwald. Hinterdrein ein Hirsch. Im Glas erkenne ich meinen gesuchten Zehner. Lange kann ich nicht überlegen, warum er hier auftaucht, so weit von seinem früheren Einstand. Am Bergstecken angestrichen folge ich ihm mit gestochener Büchse, in Erwartung, dass er kurz verhoffen möge.

Genau in dem Augenblick, wo der Hirsch langsamer wird, klatscht ein gewaltiger Schneebatzen genau auf mich herab. Er schlägt mir auf Kopf und zielenden Arm, dass der Büchslauf in die Höhe schnellt. Der Finger gerät an das gestochene Züngl, der

Der Schneebock

Schuss fährt donnernd hinaus. Vor lauter Schnee in den Augen sehe ich nur schemenhaft Hirsch und Kahlwild davonflüchten. Weg sind sie. Schnee im Hemdkragen, auf Hand und Gesicht, Schnee auf dem Zielfernrohr. Jagd vorbei! Hat man schon je einen fluchenden Schneemann gesehen?

Einen Anschuss brauche ich nicht zu suchen, der Schuss ging hoch in die Baumwipfel. Während ich mich mit nicht druckreifen Worten trocken mache, fällt an der gegenüberliegenden Talseite ein Schuss. Das, so denke ich, war doch genau an dem Platz, wo meine Frau ansitzen wollte.

Hier brauche ich nicht mehr auszuharren, hier kommt heut kein Wild mehr vorbei. Also packe ich meine Sachen zusammen und stapfe hinunter zum Talweg. Mit dem Auto komme ich gut jenseits der Stillach an den Platz, wo ich meine Frau vermute. Sie hat den Motor gehört und steht bereits winkend am Waldrand. Gut kann ich über die nicht allzu tief verschneite Wiese bis fast zu ihr hin fahren.

Und jetzt bleibt mir der Mund vor Staunen offen. Lachend steht sie da. Ihr zu Füßen liegt ein Rehbock. Ein Rehbock, der unverwechselbar unser lang gesuchter, längst vergessener Maibock ist. Mein Missgeschick ist vergessen, wir freuen uns wie die vielbesungenen Schneekönige. Aus dem roten Maibock ist nun ein grauer Schneebock geworden.

Jägerlatein

Das älteste, historische Jägerlatein ist uns von Julius Cäsar überliefert. Seine Legionäre hatten ihm berichtet, wie die Germanen auf Elche jagen. Die Nordvölker hatten den Römern weisgemacht, dass die Elche keinerlei Beingelenke hätten, und sich darum nicht niederlegen könnten. Sie müssten sich darum zum Schlafen stehend an einen Baum lehnen. Diesen Schlafbaum würden die Germanen zuvor ansägen. Sobald sich der Elch an diesen lehnt, fällt dieser mitsamt dem Elch um. Der Elch kann sich nun nicht mehr aufrichten und wird so zur leichten Beute.

Inzwischen wird in allen Sprachen Lateinisches erzählt. Hauptsächlich nach der Jagd, wenn Jäger bei Speis und beflügelndem Trank beisammensitzen.

Lesen Sie nun quasi zum Dessert der wahren Jagdgeschichten ein wenig Latein.

Meisterführers Rezept

Diesen Titel führt mein Freund Franz mit Fug und Recht. Seinen Namen ziert sogar der Zusatz „MF“. Auf allen Suchen und Hundeprüfungen räumt er die Preise ab. Seine Vorstehhunde sind berühmt für glanzvolle Leistungen. Aus dem In- und Ausland kommen Fragen an ihn als dem überragenden Hundefachmann. Von arktischen Schlittenhunden bis zu australischen Dingos gilt er als der kompetente Ansprechpartner, wenn's irgendwelche Probleme gäbe. Da er die Caniden – also alle Hundeartigen – so genau kennt, fragte man ihn, ob es nicht ein Rezept für's harmonische Zusammenleben mit den Wölfen gäbe.

Besonderer Auslöser war das dramatische Geschehen in der Grenzgegend zu Tschechien. Die Wölfe dort hatten jede Scheu vor Menschen und ihren Haustieren verloren. Sie schnappten sich freilaufende Hunde und rissen diese sogar von den Leinen der Spaziergänger, um sie aufzufressen.

Sie tun es aus Nahrungsmangel. Die Rehe in diesem Landstrich sind aufgrund rigoroser Abschussvorgaben kaum noch vorhanden. Jetzt leiden die Wölfe argen Hunger. Mitleidige Menschen haben deshalb Spenden gesammelt und Notfütterungen eingerichtet. Doch Hühner, Enten, Gänse und feinstes Rinderfilet, selbst das sündteure Waygyu-Rindfleisch werden von den Grautieren verschmäht. Sie wollen lebendige Beute reißen.

Franz wurde vom dortigen Landrat gebeten, ob er Abhilfe schaffen könne. Er reiste deshalb ins bedrohte Gebiet und berichtete:

„Täglich ging ich in den ortsnahen Gebieten spazieren. Dabei führte ich meinen Hund an der Seite, um die Angreifer zu provozieren und ließ ihn sogar zum Anlocken Laut geben. Schon bald tauchte aus dem nahen Wald ein kapitaler Wolf auf. Mit gefletschten Zähnen wollte er sich auf meinen Hasso stürzen. Doch da brüllte ich ihm ein donnerndes ‚Pfui!!!' entgegen. Irritiert, als hätte er sich nur verhört, stoppte der Angreifer, machte einen Bogen, um dann erneut zu attackieren. Da nahm ich meine Hundepfeife, hob den Arm und trillerte mit voller Lautstärke: „Down!!!' Der Erfolg war großartig. Wie jeder gut abgeführte Hund klappte der Wolf aus vollem Lauf, wie vom Blitz getroffen, zusammen. Mit brav zwischen den Vorderläufen gelegtem Haupt lag der Graue da und wagte keine Bewegung."

Dieses Ergebnis machte schnell die Runde. Die Presse überschlug sich in Lobesworten. Die Bevölkerung war begeistert und erleichtert.

Nur – inzwischen sind in weitem Umkreis die Trillerpfeifen leider ausverkauft.

Der Bergretter

Severin, mein alter Berufsjägerfreund, war vor einigen Tagen 90 Jahre alt geworden. Endlich kann ich ihm meine Glückwünsche persönlich in seiner Jagerstube überbringen.

Die Zirbenholzwände sind mit Geweihen, Krucken und Gwichtln bedeckt und erzählen von einem reichen Jägerleben. Allen ist mit mönchisch feiner Schrift Erlegungsort und Datum auf den Schädel getuscht. Mitten in der Gamskricklwand hat Severin einen kleinen Platz ausgespart. Darin hängt ein unglaublich hochkruckiger Bock und zieht meine Blicke auf sich. Beim Herangehen fällt mir das geradezu antike Erlegungsdatum auf seiner Stirn auf. Im Stillen rechne ich nach, wann der Bock einst erlegt wurde.

„Ja, sag' bloß, lieber Freund, wie durftest du schon mit 17 Jahren einen so kapitalen Bock erlegen? Damals warst du ja erst höchstens im zweiten Lehrjahr."

„Da hast du ganz recht", antwortet er, „als besonderes Dankschön für gute Leistung haben's mir einen geringen 2b Bock freigegeben."

„Aber der da ist doch alles andere als ein 2b, das ist doch ein hochkapitaler Einserbock!"

Er lehnt sich zurück. „Jetzt lass dir verzähln! Damals bin ich voller Freud' ausg'ruckt und gleich hinauf zum Karkopf. Und schon steht einer da, äst, hat den Grind am Boden. Der hat net hoch aufg'habt, aber einen sakrisch guat'n Hakl. Dazu hat er recht g'ring und jung ausg'schaut, und scho hat's kracht. Wie ich hin bin und den Bock aufklaub, hab' ich mich an dem narrischen Hakl wahnsinnig g'freut. Jetz hab' i den Bock aufbrochen und sauber in Rucksack eini, dass der Grind weit rausschaut. Grad pressiert hat's mir beim Abstieg. Doch auf einmal ziagt's mir die Haxn weg, mi hauts auf'n Arsch, und wie in einer Schlittenbahn is es abi gangen auf einen gachen Absturz zu. Wohl guat hundert Meter war's dann im freien Fall hinunter gangen. Ich saus' dahin, ohne dass ich mich wo hab halten können und seh' den sichren Tod scho vor mir. Aber plötzlich gibt's einen Ruck, und bevor's in die Tiefe geht, häng' ich frei über'm Abgrund. Nur der Rucksack mit dem Bock hat mich festg'halten. Der musste sich irgendwo verhakt haben. Unterhalb von mir war'n a paar Bauern beim Heumachen, und ich hab' g'schrien wie ein Jochgeier. Die sind gleich zu mir heraufg'sprungen, und wie's bei mir war'n, haben's die Händ' überm Kopf z'ammg'schlagen und g'sagt: Des gibt's doch garnet. So a Glück! Bua, du hängst mit der Gamskruckn fest an einer Latschenwurzel. Auf dem allerletzten Meter vor'm Abgrund hab'n sich die Kruckn von dem Gamsbock mit ihrem narrisch guatn Hakl eing'hängt. Des hat dir 's Leben g'rett'.

Aber jetzt kommt's, du wirst es nicht glauben, durch mein Gewicht, es war'n damals guat 80 Kilo, haben sich die die Schläuch' von dem Böckerl so sakrisch in die Länge gezogen, dass sie jetzt eine Höhe von gut 25 cm haben. Bis die Burschen mich heraufg'holt haben, is aus dem Zweier-Böckerl ein Einser mit überlangen, kapitalen Krucken worden."

Doch das war selbst meinem Schweißhund unterm Tisch zu viel. Er knurrte böse, und ich musste mit ihm ein bissl an die frische Luft gehen.

Reh tot

Der Martin ist leidenschaftlicher Jäger und Hundeführer. Obendrein ist er engagierter Jagdhornbläser. Seit einigen Jahren führt er einen Wachtel namens Jockel. Wichtig war ihm, dass der Hund einen lockeren Hals hat, damit er ihn gut zum Stöbern einsetzen kann. Diese Eigenschaft ist beim Jockel so ausgeprägt, dass sein Führer am Klang seines Lauts jeweils hören kann, auf wessen Spur oder Fährte er ist. Wenn Martin mit dem Jagdhorn übt, singt der Hund aus vollem Hals mit. Das ist nicht ungewöhnlich, doch singt der Hund auch bei Musik aus dem Radio mit. Speziell bei Trompetenkonzerten kommt er von weit her und hockt sich extra ganz vorn vor den Lautsprecher, damit ihm kein Ton entgeht. Den Kopf zurückgelehnt, röhrt er so herzzerreißend mit, sodass sein Herrle gewisse Lieblingskonzerte wie die von Hummel, Haydn oder Leopold Mozart nur mit Kopfhörer genießen kann. Von Hubertusmessen ganz zu schweigen.

Martin hat ein gut besetztes Rehrevier. Jedes erlegte Stück, ob Bock, Geiß oder Kitz, wird feierlich verblasen. Dass da sein Hund neben ihm mitsingt, stört ihn wenig, ist er doch auf seine eigene Darbietung konzentriert.

Doch kürzlich passierte etwas Außergewöhnliches. Martin berichtet voller Stolz:

„Ich hatte einen Bock erlegt. Mit dem Jockel an der Seite gehe ich zu meiner Beute, um ihr den letzten Bissen in den Äser zu stecken und zu verblasen. Doch dann: Verflixt! Ärgerlich bemerke ich, dass ich das Horn im Auto vergessen hatte. Macht aber nix, denke ich, dann verblase ich das Stück halt hernach. So trete ich an den Bock heran, nehme, wie ich das immer tue, den Hut andächtig vom Kopf. Plötzlich erschallt laut, aus vollem Hals die Stimme meines Hundes. Es war aber nicht das übliche Totverbellen, sondern laut und deutlich: das Reh tot: ‚Hau – wa-wau, hau – wa-wau, hau-wa, hau-wa, hau – wa-wau!' Ganz genauso moduliert, wie nach den Noten des Jagdsignals, dessen Text wir ja kennen: ‚Vor der Brunft darf ich nicht, nach der Brunft da mag ich nicht …' Und dann zum Schluss heult er astrein in einem lang gezogenen, schrillen ‚halaaliiii.' Auf das nachträgliche Verblasen konnte ich verzichten, so genau hat mein Jockel das ‚Reh tot' gesungen."

Abpraller

In unserem Revier liegt ein idyllischer See. Von der Jagdhütte aus, die in Ufernähe steht, schaut man aufs jenseitige, etwa 400 m entfernte Ufer. Dort drüben zieht ein Kapitalbock seine Fährte. Oft konnte ich ihn vom Hüttenvorplatz mit dem Spektiv anschauen. Heuer wird er sicher sechs bis sieben Jahr alt und jagdbar sein. Unser Jagdvorsteher soll ihn zur Blattzeit erlegen. Der Mann ist für uns wichtig. Darum bekommt er den Abschuss zu seinem Fünfzigsten, er freut sich schon ganz narrisch.

Wir lassen gerne junge Jäger mitjagen, und so darf heuer der Franzl seinen ersten Bock erlegen. Der Jungjäger hat zum Einstand einen Knöpfler frei.

Doch heut Vormittag traf mich beinahe der Schlag, als er statt eines Knopfbocks den Kapitalen auf den Rasen vor der Hütte legte. Der Blattschuss saß wie abgezirkelt.

„Ja, bist denn du wahnsinnig? Das ist doch kein Knöpfler! Wie kommst du dazu, so daneben zu langen?"

Ganz geknickt berichtet er: „I kann überhaupt nix dafür. Bittschön net schimpfen! Es war ja a saudummer Zufall. Mitten im See seh' ich so auf zweihundert Meter einen Kormoran. Ich denk, den Fischräuber, den schießt du. Doch die Kugel lässt leider nur neben dem Vogel das Wasser aufspritzen. Wie ich mich grad über den Fehlschuss ärgere, seh' ich, wie genau gegenüber am anderen Ufer die Schilfhalme wackeln und wackeln. Neugierig bin ich hinüber zum Nachschau'n. Da liegt dieser Rehbock. Ich denk, ich hab' einen bösen Traum. Noch ganz warm war er, wie frisch erlegt. Da muss die Kugel vom Wasser abgeprallt sein und den Bock drüben getroffen haben. Glaub' mir, ich kann echt nix dafür."

Ein Urmensch

Nach einem Riegler sitzen wir in der Jagerstube vom alten Wastl beisammen. Er war schon fröhlich beim drittel Viertel Roten angelangt, als ich ihn frage, warum da zwei Gamskrickel so separat an der Wand hängen.

Er nimmt einen kräftigen Schluck und legt los:

„Zur Gamsbrunft, es ist schon a Zeitlang her, da wollt' ich meinen Freund Ignaz, ihr kennt ja alle den alten Nazl, einen gehörigen Bock schießen lassen. Schon am Tag zuvor sag' ich zu ihm: ‚Nimm nur genug Munition mit! Ich lass mei Büchs dahoam.' Unser Aufstieg, da hint' bei der Roten Wand, geht glei ganz gach hinauf. Wie wir da droben unter den Wänden stehen, es war so gegen elfe am Vormittag, da sehen wir einen Bock, der uns recht gut passt hat und alt genug war er auch. Ich zeig' ihm den Bock und sag', den kannst schießen. Er baut seinen Rucksack auf, legt an und schon hat's kracht. Nix war's, unterm Bock hat's g'staubt, der Schuss war zu kurz. Es war halt recht weit, über einen Graben hinweg, und so sag' ich zu ihm, du musst a Stückl übern Wildkörper gehen. Jetzt schießt er ein zweites Mal. Jetzt aber staubt's vor dem Gams. Ja, Herrgottsakra! Sag ich zu ihm, du musst noch höher gehen! Nun schießt er zum dritten Mal. Der Bock zeichnet mit krummem Buckel und zieht auf die Felswand zu. Schieß glei' noch amal, sag ich. Der Nazl aber kramt in seinen Taschen, sucht und flucht: ‚Kruzifünferl, jetzt hab i mei Patronentascherl dahoam lieg'n lass'n.' Ich hatte ja keine Büchs dabei und musste ohnmächtig zuschau'n, wie der schwerkranke Bock auf ein schmales Felsbandl zieht. Dort konnte er nicht mehr vor oder zurück, denn vor ihm begann die glatte Steilwand."

Der Wastl nimmt einen tiefen Schluck und erzählt aufgewühlt von der Erinnerung weiter.

„Jetzt war's mit meiner Ruh endgültig vorbei. Hut, Ferngucker und Joppe heruntergerissen und schon bin ich hinüber und steig' in die Wand ein. Ich muss über ihn hinkommen und ihm von oben ein Trumm Felsbrocken ins Kreuz schmeißen. Wie ich den ersten Stein hinunterwerf', merk' ich, so kann's nicht gehen, denn der Gams ist durch die überhängende Wand überriegelt. Also muss ich wieder hinunter und ebenfalls auf das Felsband hin zum Bock. Der kann ja nicht mehr vor oder zurück, denn da bin ja nun ich. Meine Schuh' ziag ich aus, dass ich besser klettern kann. Mit den genagelten Griffschuhen hätt ich keinen Halt auf dem glatten Fels gefunden. Das Messer reiß ich aus der Scheide und klemm's wie ein Urmensch zwischen die Zähne. So hangle ich mich auf dem schmalen Band vorwärts bis zum Wildkörper. Kaum dass ich dort selber stehen kann, und unter mir geht's senkrecht in die Tiefe, gut sechzig Meter weit. Mit der Linken halt ich mich an einem Felsgrat fest, und mit der Rechten ziag ich ihm einen gewaltigen Schnitt über seine Drossel. Da gießt sich ein Schweißstrom über die Wand. Dem Gams knicken die Läuf' ein, ihn haut's aus der Wand. Mehrmals schlägt er dumpf wo an und er verschwindet im Abgrund. Gottseidank, wir haben den Bock. Weit sind wir hinunterg'stiegen, bis wir ihn haben aufklauben können.

Jetzt werdet ihr fragen, wieso da neben der starken Krucke noch eine zweite hängt. Ja, stellt's euch vor, ob ihr's glauben wollt oder net – wie wir den Bock aus dem zusammen'druckten Schnee ausgraben, liegt unter ihm noch ein zweiter Bock. Noch ganz warm. Den hatte der erste beim Absturz erschlagen."

Nach diesen wunderlichen und zum Schmunzeln anregenden „lateinischen Geschichten" geht es ab nun wieder mit wahrhaften Erzählungen weiter.

Einhaklig

„Ich bitt' dich, derschieß mer die zwoa Schaf! San eh die Meinigen. Den ganzen Herbst such' i nach dene. Und jetzt, wo der Winter da is, san's verlor'n."

Der Fredl ist ganz aufgeregt. Vor uns steigen aus einem tief verschneiten Graben zwei Schafe. Es ist nicht weit und keine Kunst, die Tiere mit zwei schnellen Schüssen zu erlegen. Der Kugelschlag, so meine ich, klingt ein wenig dumpf.

Die Vorgeschichte ist schnell erzählt. Der Fredl, mein ortskundiger Jagdbegleiter hatte schon oft versucht, diese entlaufenen Schafe wieder einzufangen. Alles vergebens. Einige seiner Wolltiere hatte er schon im Spätherbst wieder heimgebracht, doch jetzt, wo schon wadentiefer Schnee liegt, sieht er keine Chance, die zwei letzten Ausreißer einzufangen. Der Hans, mein häufiger Begleiter hier im Tal, erzählte mir, dass der Fredl einmal einem dieser Ausbüxer so schnell und so weit am Berg nachgelaufen sei, bis das Tier vor Anstrengung kollabierte und zusammenbrach. Fredl ist ein Bergmensch, wie ich keinen anderen kenne. Zäh wie eine Latschenwurzel, steigen kann er wie ein Gams, und Müdigkeit kennt er nicht. Einmal, als wir in steiler Höhe einen jagdbaren Hirsch vor uns hatten und ich wegen der schwierigen Bergung nicht schießen wollte, lachte er mich aus. So einen „kloanan Scheißer", wie er sagte, könne er leicht hinuntertragen. Ich habe damals dennoch auf den Schuss verzichtet. Er wohnt in einem alten Häusl mit seinen zehn Kindern, deren scheinbar jährlich eines mehr wird, wenn nicht ein anderes wieder weggestorben ist. Er ernährt sich von Wer-Weiß-Was und ist froh, wenn man ihn als Begleiter im unwegsamen Gelände bittet. Ein verrostetes Blechkistl, genannt Auto, steht neben dem Hof, und ab und zu fährt er damit ins Tal, Einkäufe zu machen. Alle drücken sämtliche Augen zu, wenn er damit durch die Gegend räuchert, denn Führerschein, glaube ich, hat er auch keinen. Bei den Einheimischen hat er längst den Beinamen „da Wilderer", denn wildern tut er gewiss.

In der Anfangszeit unserer gemeinsamen Jagerei konnte er es gar nicht fassen, dass ich nicht auf alles, was vor die Büchse kam, Dampf machte. Das war halt sonst seine Art des Nahrungserwerbs und nach seiner Ansicht der Sinn der Jagd. Doch wir haben uns bald bestens verstanden, und unsere Gänge im Lignitztal und deren begrenzenden Bergen haben uns zu Freunden gemacht.

Freudig klopft er mir jetzt auf die Schulter und spurt zu den Schafen hinunter. Im selben Augenblick springt aus dem gleichen Graben ein Gams. Das Glas zeigt einen Bock. Als er nach kurzer Flucht ein Standerl macht, habe ich schon das Spektiv ausgezogen und sehe, dass mit dem Krickerl was nicht stimmt. Ein Schlauch ist in der Mitte abgebrochen und verkrümmt beiseite gebogen. Ein Abnormer. Ich bin elektrisiert. Schon immer hat mich die Besonderheit einer von der Norm abweichenden Trophäe angezogen.

Das geht offenbar nicht jedem Jäger so. Ein Freund erzählte mir von einem Jungjäger, der von seinem Lehrherrn – ja, so was gibt's wohl noch – zwei Rehböcke zur bestandenen Prüfung frei bekam. Stolz präsentierte er seinen Erstling, einen braven, normalen Sechser. Er habe, so sagte er, noch einen zweiten Bock erlegt, aber das sei nix G'scheites, nur ein Abnormer, den er gar nicht aufhängen wolle. So sind halt alle Geschmäcker verschieden.

Der Gamsbock da drüben scheint zu suchen, denn jetzt Ende November ist die Brunft noch nicht vorbei. Spitz von mir weg zieht er durch den Schnee aufwärts. Immer schneller wächst die Distanz. An einen Schuss ist nicht zu denken. Im Anschlag liegend hoffe ich, dass er sich bald einmal seitwärts wendet. Vergebens. Bald ist er weit außer jeder vertretbaren Entfernung.

Der Fredl ist inzwischen bei seinen Schafen und bricht sie auf. Von dem Gamsbock hat er gar nichts mitbekommen. Als ich ihm davon erzähle, meint er, dass wir gleich nachsteigen sollen. Doch das verbietet sich bei der schnell einfallenden Dämmerung von selbst. Nächstentags wollen wir uns hier umschauen. Es bleiben ja noch zwei Tage Zeit, bis der November vorbei ist und die Gams vor mir Ruhe haben werden.

Der Heimweg ist wieder einmal typisch für den Bergler. Jede Hilfe lehnt er lachend ab, obwohl wir noch einen beschwerlichen Weg ins Tal hinab haben, und dann geht's ja noch kilometerweit hinaus zum abgestellten Auto. Zunächst bergab ist es noch einfach, die beiden Schafe, die er mit einem Strick aus seinem Rucksack zusammengebunden hat, auf dem Schnee hinunterzuziehen. Doch dann, als es nur leicht abschüssig dahingeht, sieht es nicht mehr so lustig aus. Die schweren Tiere sinken im weichen Schnee ein und schieben stets eine kleine Welle vor sich her. Da packt der Fredl mit Schwung die Last und lädt sie sich auf den Rücken. Und zwar so, dass auf jeder Schulter ein Schaf liegt. Die Köpfe schauen nach vorn, sodass die Figur wie ein dreiköpfiges Monster ausschaut. Ein Jammer, dass ich meinen Fotoapparat nicht im Rucksack habe!

Als Fredl nach langer Schneestapferei endlich am Auto seine Last absetzt, ist kein erlöstes „puhh" zu hören. Nein, nicht einmal geschwitzt hat er, während unsereiner schweißnass aufgeschnauft hätte.

Mit unserer Gamspirsch am nächsten Tag wird es nichts. In der Nacht fallen Unmengen von Schnee bis weit in den Tag hinein, sodass es für heuer heißt: Jagd vorbei.

In meinem Schussbuch aber steht: *29. November. 2 Schafe am Gensgitsch-Kar. 80 m. 243er.*

Jetzt ist endlich August, und meine Frau, Kurzhaar-Hündin Cita und ich sind glücklich wieder im Lignitztal. Nach den obligatorischen Anfangsbesuchen beim Jagdleiter Dr. Noggler, unserem Freund Roda und dem Jäger Hans schauen wir noch beim Fredl vorbei, der am Beginn der Talenge wohnt. Weit können wir ins Tal hineinfahren, bis unterhalb der Jagdhütte. Aber dann heißt es mit Sack und Pack hinauf zur Moxn Hütte. Nach dem trockenen Sommer hoffen wir, dass die kleine Quelle neben der Hütte noch sprudelt. Denn sonst heißt es, Wasser vom Lignitzbach mühsam hinaufschleppen. Sicherheitshalber haben wir leere Plastikflaschen im Auto. Doch wir haben Glück. Als unser erster Blick droben vor der Hütte dem Quell gilt, gluckst uns kristallklares Wasser ein Willkommen.

Das kleine Hütterl hat sich zum Glück nicht noch weiter zum Tal geneigt. In vergangenen Jahren war es auf instabilem Untergrund nach enormen Regenfällen ein wenig abgerutscht, sodass innen eine schiefe Ebene entstanden ist. Während wir unsere „Sieben Zwetschgen“ auspacken, steigen liebe Erinnerungen auf. An die Tage mit meinem alten Freund und Jagdführer, dem Roda Vota Mox, und auch an Hans, den Berufsjäger. Mit ihm habe ich alle Steige kennengelernt, um in der Höhe Anblick und Erfolg zu finden.

Zuerst wollen wir nach dem Einkruckigen schauen. Leicht wird das nicht werden. Wer weiß, wo er nach den zehn Monaten seit seiner Entdeckung jetzt stehen wird. Zuallererst werden wir zum Blobberling steigen. Von dort aus haben wir besten Überblick auf die jenseitigen Hänge, in die er damals hineingestiegen war.

Der Steig zu diesem Hochkessel geht gleich von der Hütte weg. Nach kurzer Strecke werden wir auf den historischen Pfad stoßen, der in Serpentinen dort hinaufführt. Der wurde seinerzeit von Graf Palffy, dem damaligen Pächter des Reviers, für seinen Freund, einen indischen Maharadscha, angelegt. Der hohe Herr wurde dort zum Gamsriegeln auf Maultiers Rücken zu seinem Stand transportiert.

Der Blobberling, auf der Landkarte nennt er sich Blaberling, ist zwar ein beliebter Gamseinstand, doch selten hat man hier Erfolg. Der Wind dreht dort, gleichgültig, ob er hinauf oder bergab zieht, gern im Kreis und warnt jedes Wild. Zu oft haben wir es erlebt, wenn wir von der Gegenseite dort Gams erspäht hatten und sogleich hinaufgestiegen sind, dass beim ersten Blick in den Kessel nur noch die Spiegel der Flüchtigen zu sehen waren.

Diesmal wollen uns die Berggeister offenbar einen Streich spielen. Sie zeigen uns, dass es auch anders geht. Ein etwa fünfzehnköpfiges Gamsrudel äst vertraut am Rand des Hochkessels. Der Wind zieht zwar immer noch aufwärts, doch es gibt für den Luftzug wohl noch andere Kanäle anstatt des verräterischen Rund-um-den-Hochkessel.

Wohlgedeckt von einem Felsbrocken nehmen wir die Versammlung in die Linsen. Es ist – wie kann es anders auch sein – nur lauter Scharwild. Geißen, Kitze und zwei Jahrlingsböcke. Für uns jedoch ist's ein wunderbarer Auftakt und eine Einstimmung für den Anblick kommender Tage. Wir nehmen uns nun die Gegenseite vor, glasen Blöße für Blöße ab.

Hier sitzen wir, bis die einfallende Dämmerung uns zur Heimkehr mahnt. Schauen dem Adler zu, wie er vom Aufwind getragen ohne Schwingenschlag Grate, Gräben und Gipfel absucht. Lauschen dem Knarren der Schneehahndl und dem Klongen der großen Raben. Doch außer einer Kitzgeiß und zwei halbstarken Böcken zeigen sich keine Gams.

So einen ersten Abend auf einer einsamen Berghütte empfinde ich immer wie ein Schiffbrüchiger, der dankbar aufschnaufend seine Rettung genießt. Endlich angekommen in der kleinen, lieben Hütte. Die Einrichtung ist spartanisch, nur zum Zweck der Übernachtung möbliert. Zwei Bettkisten, ein kleiner Tisch mit einer schmalen Bank und ein Stuhl genügen der Bequemlichkeit. Daneben hockt der Ofen mit Herdplatte. Ein winziges Fenster neben der Tür schaut zum Tal und auf die jenseitigen Berge. Davor ist ein galerieartiger Zugang, unter dem es steil den Berg hinab geht.

Mit den heraufgeschleppten Köstlichkeiten machen wir den Abend zum kleinen Fest. Die Türe lassen wir weit offen, lauschen den Stimmen der Nacht, bis nur noch die Konturen der gegenseitigen Berge sich im Sternenlicht abheben.

Am nächsten Morgen müssen wir ein wenig die Augen reiben, denn wir haben in die Zweiliterflasche Frascati ein wenig zu viel Luft hineingelassen. Doch bald bei der Frühpirsch hat die Bergluft unseren Höhenrauch davongeblasen.

Wir steigen hinab zum Talgrund, um weit in die hinteren Hänge schauen zu können. Auch heuer müssen wir auf das Jungvieh achtgeben, das auf dem schmalen Wiesengrund entlang des Flusses weidet. Im Vorjahr hatten wir Probleme mit unserem Hund, den sie angegriffen hatten. Vor und hinter den Weideflächen steht ein kleines Gatter. Bergwärts kann das Vieh nicht hinauf, nach der anderen Seite bildet die Lignitz die Grenze für deren Wandertrieb. Um unsere Cita vor den Angriffen des Viehs zu schützen, hatten wir die Hündin nach dieser ersten Attacke vor der ersten Abgrenzung abgelegt. Wenn wir dann an den halbwilden Kühen vorbei und jenseits der anderen Absperrung waren, genügte ein Wink an die brave Hündin, und sie kam wie der Pfeil zu uns herangesaust. Blöd glotzend standen die Buntscheckigen da, und bis sie begriffen hatten, was da an ihnen vorbeigeflitzt kam, war die Cita schon in Sicherheit.

Genauso machen wir es auch heute und können dann unsere Aufmerksamkeit ganz auf die seitlich aufstrebenden Hänge richten. Das Wetter ist aber fast zu schön. Da Gams die Wärme wenig schätzen, liegen sie irgendwo im Schatten, und es ist wenig in Anblick zu bekommen. Da nicht der Jäger, sondern das Wild sich bewegen sollte, machen wir es bald ebenso und finden einen idealen Ruheplatz mit bester Rundumsicht.

Selbst als am Abend die Sonne hinter den westlichen Bergen hinabgesunken und die kühlen Schatten Düfte der Bergkräuter heraufsteigen lassen, haben wir wenig Anblick. Nur ein nachbrunftig suchender Rehbock führt mich arg in Versuchung. Doch mir steht diesmal nicht der Sinn nach einem Rehg'wichtl, zumal auch dieses mich zu wenig verlockt. Außerdem kommt der Gabler genau an dem Platz, wo ich im Vorjahr den Gams entdeckt hatte. Nur jetzt in deren Feistzeit wäre es fast ein kleines Wunder gewesen, wenn der Einkruckige ausgerechnet hier aufgetaucht wäre. Jedoch – auf der Jagd ist alles möglich.

Am zweiten Tag am frühen Morgen, kaum dass rechtes Büchsenlicht die Berge erhellt, steigen wir wieder hinab, um den gestrigen Pirschgang entlang der Talsohle fortzusetzen.

Das Vieh ist ebenfalls nun schon taleinwärts weitergezogen, und jetzt kommt wieder das Problem mit dem Hund. Um ohne Angriff auf unsere Cita an ihnen vorbei zu kommen, legen wir die Hündin jenseits des Baches ab. Wenn wir dann an der anderen Seite des Endgatters angekommen sein werden, genügt ein leiser Pfiff, und sie wird pfeilschnell durch die Halbstarken durchgesaust sein.

Von uns beiden nehmen die Kühe kaum Notiz, als wir an ihnen vorbei gehen. Immer wieder bleiben wir stehen und schauen mit den Gläsern links- und rechtsseitig hinauf zu den Hängen. Da stoppt mich ein scharfer Gams-Warnpfiff. Wo kam der her? Glas hoch! Alle guten Geister! Der Bock! Der mit dem abgebrochenen Schlauch! Gar nicht weit droben steht er auf einem Felsköpferl. Kaum achtzig Meter weit dürfte es sein. Spitz zu uns her steht er, pfeift warnend und stampft ärgerlich mit dem Vorderlauf. Offenbar hält er uns für die Bauern, die sich ums Vieh kümmern. Zum Glück ist der Hund, der uns verraten könnte, abgelegt.

Blitzschnell hocke ich mich nieder, ramme den Bergstecken in den Boden, um die Büchse anstreichen zu können. Extrem steil bergauf muss ich schießen, und das Zielfernrohr kommt dabei verdammt nah ans Auge. So wie der Bock steht, müsste ich ihn auf den Stich schießen, doch das tue ich nicht ohne Not. „Dreh dich ein bissl zur Seite!“, denk’ ich. Doch unverwandt steht er mit schmaler Silhouette zu uns her.

Plötzlich sind die neugierigen Kühe rings um uns her. Schnaufend glotzen sie uns an. Meine Frau steht hinter mir, bereit, sie mit dem Bergstock abzuwehren. Ruhig steht das Absehen des Zielfernrohrs auf dem Gams. Zum Glück bleiben die Rinder seitlich aus meiner Schusslinie.

Da dreht sich der Bock dort droben ein wenig zum Absprung und schon ist der Schuss draußen. Der Rückschlag haut mir das Zielfernrohr saftig auf die Augenbraue. Sakra! Warm rinnt mir das Blut über die Backe. Das wollte ich ja eigentlich vermeiden, bei einem Schuss so steil bergan. Doch länger hätte ich die Spannung nicht ausgehalten. Zumal in dieser unmöglichen Stellung. Aber wo ist der Bock?

Ein fragender Blick zu meiner Frau. Sie hat nicht achtgeben können, sie war zu sehr mit der Abwehr unserer neugierigen Zuschauer beschäftigt gewesen.

Plötzlich ist droben Bewegung. Der Bock kugelt sich überschlagend den Hang herab. Bleibt an einer Staude verendet liegen. Er war im Schuss von seinem Podest in einen darunterstehenden Latschenboschen hineingestürzt. Wohl durch ein letztes Schlegeln kam er frei und ins Abgleiten.

Die gratulierende Umarmung muss warten. Der Schütz' – tropf – tropf, färbt ab. Aufatmen! Das war Erfolg in allerletzter Sekunde. Die Kühe sind erschrocken davongestürmt. Die brave Hündin kann ich jetzt abrufen. Freudig kommt sie schon dahergesaust. Sie weiß genau, was ein Schuss bedeutet und schaut mich fragend an.

Um den Bock zu holen, müssen wir zuerst zum Ende der Weidefläche und dann jenseits des Gatters seitlich bergan. Schon hebt die Hündin die Nase und führt uns sicher zum Erlegten.

Zum Aufbrechen tragen wir ihn hinunter zum Bach, wo wir uns glücklich aufschnaufend niedersetzen. Der Einschuss sitzt genau Tiefblatt, weil ich ja steil nach oben schießen musste. Den rechten Schlauch hat sich der achtjährige Bock wohl schon vor langer Zeit abgebrochen. Ganz überwachsen und nach außen ist er gedreht. Was war ihm wohl da einst zugestoßen?

Inzwischen tropft es nicht mehr aus meiner Augenbraue, und im Bach kann ich mir nicht nur den Gamsschweiß von den Händen abwaschen.

Lange sitzen wir in der Morgensonne, genießen das Erlebnis und die aufkommende Wärme. Wir sind uns sicher, dass wohl

Wie alt ist er wirklich?

noch nie ein Jäger einen Gamsbock mit Hilfe einer Kuhherde erlegt hat. Und noch eine Besonderheit weicht von der üblichen Gamsjagerei ab. Es war eine Gamspirsch ohne zu steigen. Ganz abgesehen vom „hochalpinen“ Abstieg von der Hütte zum Talgrund. Da waren nur etwa fünfzig Höhenmeter zu überwinden. Es muss halt „mögen.“

Rehbockfinale

Wenn zwei alte Jäger zusammenkommen, geht's halt immer ums Thema Nummer eins. Verstehen Sie mich nicht falsch! Hier meine ich das Jagerische. Der andere dieser zwei alten Jäger ist mein Freund Peter. Unzählige Jagdtage haben uns in Jahrzehnten zusammengehalten. Wenn's nicht gerade auf die Jagd geht, so treffen wir uns halt in unserem Lieblingsgasthaus.

Diesmal ist es schon September, und der Rehbocksommer war zur Neige gegangen. So kommt beim Thema Nummer eins bald die Frage auf, wer in letzter Zeit welche Böcke erlegt hätte. Meine Aufzählung ist mehr als kurz. Ich bekenne, dass ich seit drei Jahren weder einen Rehbock gesehen, geschweige denn erlegt hätte. Und das trotz mindestens zweimaligem Ansitz pro Woche. Allein zu sein und im Grünen seinen Gedanken freien Lauf zu lassen, ist zwar einer der Gründe Jäger zu sein, doch möchte man halt hin und wieder mit greifbarer Beute heimkehren. In meinem Jagdbezirk im Staatsrevier mit sechstausend Hektar waren Rehe einst ein alltäglicher Anblick. Jetzt sind sie absolute Rarität, und die Drückjagd-Überlebenden sind reine Nachttiere geworden.

„Hör auf!", stoppt mich der Peter. „Das kann man ja gar nicht anhören! Noch ist Zeit für einen Bock in meinem Revier. Du bist ja sowieso wieder zu einer unserer heurigen Niederwildjagden im Burgenland eingeladen. Am 16. Oktober haben wir die erste Jagd. Da bist du dann gleich mit dabei. Nachdem die Böcke bis zum 15. Oktober Schusszeit haben, fahren wir ein paar Tage früher. Da hast du genug Zeit für einen g'scheiten Bock. Rechne mit einem sehr weiten Schuss. Du kennst ja unser Feldrevier. Das Wild steht nach der Ernte oft weit draußen. Näher heranzukommen ist dann sehr schwer."

So ist der Peter. Bei ihm liegt die Betonung des Spruchs „leben und leben lassen“ auf den letzten zwei Wörtern.

Als er mich dann Anfang Oktober abholt, um gemeinsam ins Burgenland zu fahren, waren die Wetterprognosen alles andere als rosig. Doch wen kümmert das schon, wenn es zu einem Höhepunkt des Jagdjahres geht. Alle Jahre darf ich Gast bei einer seiner Jagden im Niederwildparadies sein. Der Gutsbetrieb, zu dem das große Revier gehört, hat seit Jahren auf Bio-Anbau umgestellt. Wildreichtum ist der lebendige Beweis, wie umweltfreundliche Landwirtschaft auch der Tierwelt nützt.

Nachdem die Feldfrüchte abgeerntet sind, erzählt der Freund, ist nun das Rehwild auch wieder besser sichtbar geworden. Vor vier Wochen hatte er auf einem Kleefeld, das in jetzt kahler Flur die Rehe anlockt, gemeint, er sähe von fern eine Schafherde. Doch es waren Rehe, die es aus der ganzen Umgebung dort hingezogen hatte. Aber inzwischen wäre überall die Gründüngung hochgekommen, sodass sich die Sprünge wieder zerstreut hätten.

Im Jagdhaus angekommen, mache ich mich rasch fertig zu einer Rundfahrt im Revier. Peters kleiner Suzuki darf nun aus seiner Garage. Er kutschiert uns zu einer Orientierungsfahrt durchs Revier, das sich rund ums Gehöft erstreckt.

Kilometerlange, etwa 20 m breite Windschutzstreifen zergliedern das große Revier. Der Abstand von einem zum anderen Streifen beträgt etwa 400 m. Diese wunderbaren Einstände sind von niedrigen Weiden- und Erlenbüschen bestanden. Darunter herrscht dichter Unterwuchs. Links und rechts daneben wurden fürs Wild noch zusätzlich zwei bis drei Meter breite Wildäcker angebaut. Hier findet das Wild ganzjährig ideale Deckung. In jedem dieser Windschutzgürtel stehen in gebührendem Abstand die Kanzeln.

Bei dieser kleinen Rundfahrt kommen bereits unzählige Rehe in Anblick. Seit Jahren habe ich daheim insgesamt nicht so viele gesehen. Hier dürfen sie noch in angemessener Zahl die Auwälder und Buschgruppen bevölkern. Kein Wirtschaftswald macht sie zu Schädlingen.

Wir müssen meist im Schritttempo fahren, um keinen der vielen Hasen zu gefährden. Es sind zu dieser Zeit noch viele Dreiläufer dabei. Sie hoppeln auf den Wegen, über die Wege oder hocken mümmelnd am Feldrain. Dazu kommen die stolzen Gockel, die nur ungern den Weg frei geben. Hier bin ich im Niederwildparadies.

Am frühen Abend holt mich dann Willi, der Jagdaufseher ab. In der Umgebung eines der östlichen Windschutzstreifen hatte er vor Tagen einen reifen Bock gesehen. Hoch hätte er auf. Ein auffallend helles, gut verecktes Gehörn. Dem wollen wir uns in den kommenden Tagen widmen. Am Samstag ist dann die Jagd und gleichzeitig Beginn der Schonzeit für Böcke.

Unsere Kanzel steht vor dem unteren Ende eines dieser Windschutzstreifen. Bald tauchen in der vor uns liegenden Gründüngung Rehhäupter auf. Der Ackersenf ist so hoch, dass nur Träger und Haupt sichtbar sind. Sollte ein jagdbares Stück dabei sein, so heißt es warten und hoffen, dass es auf den etwa dreißig Meter schmalen, unbebauten Ackerstreifen heraustritt. Sollte es kurz auf den vom Wind niedergedrückten Stellen frei stehen und ansprechbar sein, dann heißt es schnell und eventuell auf recht weite Entfernung zu schießen.

Wir sitzen bereits eine Stunde und schauen mit dem Spektiv die in der Runde auftauchenden Rehe an. Bei fünfzehn höre ich auf zu zählen. Da stößt mich der Willi sanft an und deutet auf einen Fleck im Wildacker vor uns. Auf etwa acht Meter äugt uns ein Reh an. Mehr als das Haupt sieht man nicht. Im Krautdschungel verborgen, liegt, in aller Ruhe wiederkäuend, ein Rehbock. Ein recht braver, dem Grind nach etwa zweijähriger Gabler. Er hat uns in aller Ruhe zugeschaut, als wir auf die Kanzel kletterten und uns droben einrichteten. Davon hat er sich nicht stören lassen. Seine gute Deckung war ihm Garantie, dass er sicher ist.

Ständig ist Bewegung vor uns. Hasen, Fasanen, ab und zu Rebhühner. Gänse ziehen mit lautem Geschnatter über uns hinweg. Es geht in Richtung des nah gelegenen Neusiedler Sees. Ein Schoof Enten nach dem anderen kommt von den Feldern herein.

Sie werden auf den vielen kleinen Weihern rund um Jagdhaus und Gutsgebäude die Nacht verbringen. Als es langsam dämmert, ziehen vom nördlich angrenzenden Wald fünf Rehe auf uns zu. Drei Böcke, zwei Geißen. Allesamt junge Stücke. Der Wind von Westen her hat indessen zugenommen, doch noch bleibt es trocken. Ich bin gespannt, wie sich bis zum Jagdtag das Wetter entwickeln wird. Es heißt, es würde windig und feucht werden. In der Ferne tauchen immer neue Rehhäupter aus der Gründüngung auf. Der Gesuchte ist nicht dabei. Bald wird es zu dunkel, um sicher ansprechen zu können, und wir baumen ab.

Der neue Tag vergeht mit Vorbereitungen für die Jagd am Samstag. Doch heute wollen wir ein wenig früher hinaus und nach unserem Bock schauen.

Erneut probieren wir den Ansitz auf der Kanzel von gestern. Kaum sind wir eine halbe Stunde gesessen, da zieht eine Geiß mit ihrem Kitz unmittelbar neben unserer Leiter in die Gründüngung. Weitere Rehe tauchen links und rechts auf. Nur der Gesuchte macht sich rar. Der Wind hat weiter an Stärke zugelegt und treibt regenschwere Wolken über uns hinweg.

Plötzlich wird aus dem Ackersenf vor uns ein Bock hoch und flüchtet in hohen Sätzen zum gegenüberliegenden Windschutzgürtel. Der Willi ist ganz aufgeregt. „Des is er, der Gute, der hat Wind von uns bekommen.“ Schnell ist der Bock in der Mitte des jenseitigen Deckungsstreifens untergetaucht.

„Auf, Gerd! Wir müssen uns drüben auf die untere Kanzel setzen. Sicher zieht er später auf der anderen Seite hinaus. Dort ist keine Gründüngung, sondern ein schmaler, aber verlockender Äsungsstreifen vor blankem Acker. Da stehen die Rehe gern.“

Schnell baumen wir ab und fahren ans untere Ende des östlich gelegenen Windschutzgürtels. Knapp sechzig Meter vor dessen unterem Ende steht unsere Kanzel. Da der Bock, von uns aus gesehen, 300 m rechts in die Deckung hinein ist, rechne ich damit, dass er auch dort austreten könnte. Ich richte mich zu einem weiten Schuss. Finde Halt für den Ellbogen und lege die Büchse in die erwartete Schussrichtung. Irgendwann muss er doch erscheinen, denn auf der anderen Seite gibt's ja nur Gründüngung und keine Äsung. Die Spannung nimmt zu.

Wir sitzen und freuen uns gerade über einige junge Böcke, die links von uns austreten. Da gibt mir der Willi einen sanften Rippenstoß und flüstert: „Schau, da is der Gute dabei!"

Die Böcke, es sind fünf, ziehen direkt auf unsere Kanzel zu. Schnell sind sie in allernächster Entfernung. Genau am Rand zwischen dem Grünstreifen vor uns und dem schwarzen Acker. Es sind keine 10 Meter. Vorsichtig ziehe ich die Büchse aus dem rechten schmalen Fenster und gehe aus der vorderen Luke in Anschlag. Bloß nirgends anstoßen! Ein Bock hinter dem anderen zieht vorbei. Jetzt schnell! Gleich werden sie uns im Wind haben. Der Starke verhofft, und im Knall reißt es ihn fort über den schwarzen Brachacker. Er taumelt, kommt noch dreißig Meter weit und bricht verendet zusammen.

Die kurze Spannung verebbt. Für Jagdfieber war gar keine Zeit. Wir bleiben noch eine Weile sitzen im Anblick des herbstlichen Bildes – der schon graue Bock auf schwarzer Erde.

Rätselhaft, wieso er von links kam. Er muss wohl hinter uns innerhalb des Windschutzstreifens zum unteren Ende gezogen sein. Hat sich in der Gesellschaft der Jüngeren wieder ins Freie getraut und ist dann mit ihnen erneut nach rechts gewechselt.

Schon ziemlich verfärbt ist er, ganz im Gegensatz zu den jungen Stücken. Die sind noch recht spätsommerlich rot. Sein Gwichtl ist typisch für einen Feldbock. Getreidebock haben wir früher dazu gesagt. Ganz hell, kaum geperlt, mit langen Sechserenden und beachtlich hoch. Ein besonderes Geschenk zum Rehbockfinale. Ein Geschenk nach jahrelanger Rehbockpause.

Am Jagdhaus zurück, sind schon einige Teilnehmer der morgigen Jagd eingetroffen. Alle freuen sich mit mir über das Weidmannsheil in letzter Stunde. Besonders der Peter, dem ich nicht genug danken kann.

„Gell, sicher hast du recht weit schießen müssen. Wie gut dass du auf mich gehört hast und die 243er genommen hast!"

„Sehr weit war's. Höchstens 10 Meter."

Der finale Bock

„Das nenn' ich Glück! Du bist wohl der Liebling der österreichischen Diana. Aber grad auf diese Entfernung kann man leicht daneben schießen."

Doch dann mahnt der Freund „aber jetzt auf, Herrschaften! Der Tag ist noch nicht zu Ende. Wir sind acht Schützen, da können wir noch gut den Abendstrich auf Enten probieren."

Die Jagdfreunde werden auf die traditionellen Stände an den Weihern rund ums Gutsgelände geschickt. Der Willi und ich fahren ein Stück zum Weiher im Talgrund. Gut gedeckt stehen wir am Waldrand. Vor uns der schilfumstandene kleine Teich.

Kaum haben wir unsere Stände eingenommen, beginnt droben bei den Freunden eine wahre Kanonade. Sie müssen auf die bereits eingefallenen Enten gestoßen sein. Kurz darauf sehen wir die Davongekommenen das Weite suchen. Der Wind frischt immer mehr auf. Die Enten, die nun auf unserem Wasser landen wollen, sind unberechenbar schnell. Nicht jeder Schuss gelingt.

Doch Willis Hund hat dennoch reichlich zu tun. Ab und zu kommen einzelne, vom Schof getrennte Enten im Sturmwind daher. Mal sind sie recht niedrig, dann turmhoch und pfeilschnell. Die getroffenen fallen mit dumpfem Aufschlag hinter uns in den Wald oder mit Aufklatsch ins Wasser. Erst die Dämmerung setzt unserer Jagd ein Ende. Ein sicheres Zielen und Erkennen, ob und wo die Beute hinfällt, ist nun nicht mehr möglich. Freudig tragen wir ein gutes Dutzend Enten zum Auto. Droben beim Jagdhaus präsentieren uns die Freunde ihre stolze Ernte von 53 Breitschnäbeln.

Nachts lausche ich besorgt, ob es wohl schon zu regnen angefangen hat. Jedoch es bleibt still, sogar das Rauschen des Windes in den Parkbäumen ist zur Ruhe gegangen. Nur das Rufen der Käuze höre ich. Es klingt, wie wenn ein junger Hund weint. Im Morgengrau sehe ich vor meinem Fenster, dass die Spitze des hohen Brennereikamins im Nebel steckt. So tief hängen nun die Wolken. Das kann ein feuchter Tag werden.

Während wir beim Frühstück sitzen, treffen die letzten der traditionell insgesamt zwölf Schützen ein. Alles alte Freunde und Bekannte von Jagden in den vergangenen Jahren. Während der Begrüßungsansprache, in der darauf hingewiesen wird, dass die Dreiläufer bei einem Bußgeld von 10 € zu schonen sind, gehen besorgte Blicke gen Himmel. Frei sind Hasen, Hähne, Enten und Tauben. Wie in jedem Jahr bilden sich zwei Gruppen von je sechs Schützen. Es werden nur die Windschutzgürtel bejagt. Jäger und Treiber fahren in VW-Bussen zu den jeweiligen Punkten am Ende beziehungsweise Anfang der Deckungsstreifen. So ist jede Gruppe anfangs gut einen Kilometer voneinander entfernt und bewegt sich zum markierten Mittelpunkt aufeinander zu. Dadurch gehen auf jeder Seite der Deckung drei Schützen in etwas vorgezogener Reihe. Auch hier werden die Positionen von Trieb zu Trieb gewechselt. Unbewaffnete Hundeführer begleiten uns. Diese passionierten Leute kommen vielfach aus dem benachbarten Ungarn und sind den ganzen Herbst von Jagd zu Jagd unterwegs. Dadurch haben sie und ihre Hunde eine ungeheure Praxis. Teilweise kennt man sich schon seit Jahren, und es ist immer eine Freude, wenn man sich wieder trifft. Die Treiber gehen in der Deckung und auch in den angrenzenden Wildackerstreifen durch, wo sich das Wild drückt.

Bald stehen erste Gockel auf, streichen nach vorn oder schon seitwärts, wo sie vor die Flinte kommen. Bei den Hasen muss man arg aufpassen, wenn sie noch im Bewuchs flüchten, denn da ist es nicht leicht zu erkennen, ob sie schon ausgewachsen sind.

Ein Trieb verdient besonderer Erwähnung. Es geht durch einen etwa vierzig Meter breiten Streifen von hüfthoher Gründüngung. Zum Glück regnet es noch nicht, denn sonst würden wir trotz aller Regenbekleidung bis zum Bauch pudelnass durchweicht werden. Unsere Gruppe von 6 Schützen wird aufgeteilt: Zwei Jäger gehen in der Mitte der Grünfläche, zwei am Außenrand und zwei etwa dreißig Meter seitlich voraus. Das gleiche macht die entgegenkommende Partie, die aus einem Kilometer Entfernung auf uns zukommt. Innen im Grünen gehen zwei unbewaffnete Hundeführer in der Schützenreihe mit.

Neben mir geht Janos, den ich schon bei früheren Jagden hier gesehen habe. Heut führt er eine DK-Hündin, die nur wenige Meter vor seinen Füßen sucht. Stets zeigt sie ein Verhalten, wie es ein Vorstehhund kurz vor dem festen Vorstehen zeigt. Sie wird niedrig, stellt die Rute hoch, dass ich denke, jetzt gleich stehen die Vögel auf. Doch diese laufen geschickt und noch unsichtbar vor uns zur Mitte des Treibens. Nur wenn die Deckung Lücken zeigt, steht ein Gockel mit Protest auf, streicht entweder seitlich hinaus oder geradeaus nach vorn. Ab und zu huscht auch ein Hase davon, der stets nach der Seite flüchtet, da er sich vom freien Feld wohl schnellere Fluchtmöglichkeit erhofft. Alle sechs Schützen haben reichlichen Anlauf, niemand muss dem Anderen was vor der Nase wegschießen. Als wieder ein Gockel vor mir geradeaus wegstreicht, fällt er nicht wie gewohnt – trotz zweier Schüsse. Alles blickt dem scheinbar Gefehlten nach. Auch der Hund von Janos schaut in diese Richtung. Der Gockel streicht auf einen Windschutzgürtel zu, und – nach etwa 400 Metern himmelt er und fällt verendet in den dortigen Bewuchs. Das, denke ich, wird eine kleine Nachsuche werden, wenn wir anschließend dort weiterjagen werden.

Aber plötzlich saust die Kurzhaarhündin ohne Befehl in diese Richtung. Der Führer denkt nicht dran, sie zurück zu pfeifen. Er kennt sie wohl zu gut. Kurz darauf ist sie in der dortigen, dichten Grünfläche verschwunden. Alles bleibt stehen und denkt sicher, dass die Hündin aus Ungehorsam nachgeprellt sei. Aber da – wir trauen unseren Augen kaum, kommt sie mit dem Fasan im Fang in flottem Galopp zu uns zurück. Ich bin schwer beeindruckt von dieser außergewöhnlichen Leistung. Sie zeigt, dass die Hündin neben ihrer Erfahrung einen ausgeprägten Jagdverstand hat. Wo und wie hat sie erkennen können, dass der Vogel getroffen war? Wir Schützen haben keinerlei Reaktion gesehen. Bei anderen Fasanen, die gefehlt waren – auch das kam vor – blieb die Hündin ruhig vor ihrem Führer, ohne nachzuprellen. Das beweist die außergewöhnliche Leistung.

Als der Hund brav seine Beute abgegeben hat, gehe ich auf Janos zu, klopfe ihm anerkennend auf die Schulter, schüttle ihm gratulierend die Hand. Selber war ich lange Jahrzehnte auch Führer von DK, um diese außergewöhnliche Leistung anzuerkennen. Das war absolut einmalig. Janos dagegen fand, das sei normal bei dieser Hündin.

Nach diesem Trieb erreicht uns ein erster Regenguss. Aus ist's mit Jagen in der Gründüngung. Doch nun sind wieder die Windschutzgürtel dran. Der Sturm peitscht uns die Nässe ins Gesicht. Die aufstehenden Vögel lassen sich in den Böen mitreißen und sind schnell außer Schussweite. Sie fliegen entweder nach vorn, von wo die gegenseitigen Schützen anrücken oder zum nächsten Windschutzstreifen. Bald ist der weiße Pflock erkennbar, der die Mitte des Triebs anzeigt. Zwanzig Meter davor bleibt der erste Schütze stehen, ebenso der von der Gegenseite. Dann kommt das Signal „Treiber rein, Schützen halt“. Nun stehen alle Fasanen auf, die vor den Treibern hergelaufen sind. Ein schöner Anblick,

Bunte Strecke am 1. Jagdtag

wie die guten Schützen den pfeilschnellen Flug mit sicherem Schuss beenden.

So geht es Trieb auf Trieb. Mal regnet es wie aus Kübeln, dann scheint zwischendurch die Sonne. Niemand denkt ans Aufhören. Selbst am Nachmittag ändert sich das Wetter nicht. Wie tropfende Vogelscheuchen stehen wir beisammen, und beim Neigen des Kopfes plätschert ein kleiner Guss vom Hut über die Nase. Scherzhaft wurde ermahnt, die Flinte nicht senkrecht zu halten. Sie würde sonst voll Wasser laufen. Als am späten Nachmittag die Jagd beendet ist, wird gern aufs Streckelegen verzichtet. Das nasse Wild wurde eh nach jedem Trieb zur Wildkammer gefahren. Erstaunt hören wir am Abend, dass wir insgesamt 285 Stück Wild erlegt haben. Besonders wird lobend erwähnt, dass nicht ein einziger der halbwüchsigen Dreiläufer versehentlich erlegt wurde. Das spricht für die Disziplin der Schützen, die sich bei den oft schwierigcn Sichtverhältnissen bewährt hat.

Ein guter Grund, sich über die reiche Ernte zu freuen. Während die Jagdfreunde sich schon im Speisesaal des Jagdhauses versammeln, gehe ich noch einmal zur Wildkammer.

Wohlversorgt hängt die Strecke im Kühlen. Daneben, steif und starr, mein Bock. Mit der Hand fahre ich über sein graues Haupt und den schon herbstlich verfärbten Träger. In Gedanken sehe ich ihn durch die hohe Gründüngung flüchten. Sehe ihn unverhofft mit seinen Gesellen zu mir her ziehen. Meine Beute in einem besonders schönen Finale.

Steinschlag

Herrschaftszeiten! Was für ein Hirsch! Mitten in dem bunt gemischten Feisthirschrudel wirkte er, obwohl noch im Bast, wie ein König. Der Anblick ließ mich kaum mehr los. Wo wird er wohl stehen, wenn der Bast verschlagen und die Brunft die jetzt noch friedliche Gemeinschaft beendet haben wird?

Die Zeit wurde mir nie zu lang, wenn ich bequem vor unserem Jagdhaus in der Birgsau in die Berge schaute. Eine breite Bank und ein großer Holztisch, auf dem das Spektiv neben zeitgemäßer Brotzeit Platz fanden, luden zum Verweilen und Beobachten. Von hier ging mein suchender Blick auf die ostseitigen Hänge des knapp zweitausend Meter hohen Leiterbergs im Stillachtal. Hier war im Frühsommer der beliebte Einstand der Feisthirsche. Aber auch anderes Wild kam in die suchenden Linsen der Optik. Genaueres holte dann das Spektiv heran. So war es auch an jenem Tag im Juni. Eigentlich galt meine Suche einem Rehbock, von dem mir unser Berufsjäger Bernd begeistert vorschwärmte. Dass ich den Bock nie unter dem Hochwild finden würde, war mir klar, doch war die Fläche vor mir so riesengroß, dass sich noch so manches Geheimnis darin verstecken konnte.

Dieser unter den Gipfelwänden bewaldete Bergrücken, der sich bis zum Taleingang gegenüber der Fellhornbahn hinzieht, ist oft unterbrochen von breiten Schotterriesen. Diese Geröll-Rinnen, im Allgäu heißen sie „Riesen“, bieten am Rand einen von keinen Bäumen verschatteten Kräuterbewuchs. Hier zog gerne Gams und Reh.

Seitlich unterhalb der breiten „Jockar-Riese“ war ein Bodensitz. Diese Rinne heißt so, weil sie gegenüber dem Jockar-Hof, dem Wohnsitz unseres Berufsjägers Bernd, liegt. Von dem Sitz aus schaute man frei hinauf bis zu den Gipfelwänden. Unterhalb derer führte ein Steig talaus bis zum „Brennte Rucke“. Dieser Teil des Bergrückens hatte wohl in der Vorzeit einmal gebrannt und kam so zu seinem Namen.

Eines frühen Nachmittags, als ich dort hockte, fing ein roter Wildkörper meine Aufmerksamkeit. War's eine Rehgeiß, war's ein Bock? Die Entfernung war zu groß, um es genau zu erkennen.

Also auf, du müder Jäger! Auf zum Bodensitzerl! Von dort aus ist ein sicheres Ansprechen bis hinauf zum Fuß der Gipfelwände möglich.

Großartige Ausrüstung für eine längere Bergtour war in diesem Fall nicht gefragt. Der Weg zum Ansitz war nur wenige hundert Meter weit. Da genügte neben Büchse, Bergstecken und optischer Hilfe nur der Lodenkotzen, wenn es denn abends kühl werden sollte. Natürlich war der Hund, meine BGS-Hündin Silva, dabei. Ohne sie würde mir etwas Wesentliches fehlen.

Das zuvor gesehene Reh war natürlich längst wer weiß wohin gezogen. Doch bald erschien am Rand der Schotterriese ein Gams. Ein recht guter sogar. Er äste sich langsam die Rinne hinauf. Da wuchsen gewiss köstliche Bergkräuter. Das Spektiv zeigte einen gut gehakelten Bock im reifen Alter. Auffallend war die extrem helle Färbung seines rechtsseitigen Keulenflecks. Daran würde ich ihn jederzeit wiedererkennen, vorausgesetzt, er zeigte mir dann auch seine Hinterseite. Lange konnte ich ihm zuschauen und ihn schon einmal für einen Besuch im Herbst einplanen.

Vor lauter Gams-Anschauen vergaß ich auch nicht, die Hänge nach dem Rehbock abzuglasen. In der geraden Linie von meinem Sitz bis zum Gipfelgrat kreuzt ein Wechsel genau unterhalb der Wände. Hier hatte ich mich einst zu einem extremen Weitschuss verführen lassen. Ein mittelalter Sechserhirsch verhoffte dort oben. Sehr steil musste ich hinaufschießen und vergaß die alte Regel, in diesem Fall knapp unter den Auftreffpunkt zu halten. Stattdessen hielt ich am oberen Rand des Ziemers an. Es kam wie es kommen musste. Genau oberhalb des Sechsers schlug die Kugel Steinsplitter zerstäubend in die Felswand. Die Nachsuche bestätigte meinen Zielfehler. Zum Glück war das Hirschl unversehrt.

Langsam versank die Sonne hinter den westlichen Hammerköpfen hinüber zum Kleinwalsertal. Es wurde kühl. Bei der sinkenden Temperatur fiel mir eine Geschichte ein, die mir Bernd, unser Berufsjäger, einst erzählt hatte. Nachdem unser Revier auch offiziell „Prinzregentenbogen" heißt, so wusste er einige Anekdoten über den Wittelsbacher Prinzregenten. Unser Revier Stillach/Rappenalptal gehörte zu dessen bevorzugten Jagdgebieten. So soll er einst unweit von meinem Ansitzplatz einem Gamsbock bis hinauf zu den Gipfeln nachgestiegen sein. Ohne Erfolg oben angelangt, wollte er diese Tour am nächsten Tag nicht noch einmal machen. Darum entschloss sich der Herrscher, droben unter freiem Himmel zu übernachten. Solche und ähnlich abenteuerliche Geschichten über die unbändige Härte und Jagdpassion des Wittelsbachers wusste auch meine Schwiegermutter aus ihrem Heimattal Hinterstein zu erzählen.

Steingeprassel weckte mich aus meinen Gedanken an vergangene Zeiten. Nach dem oberen Rand der Schotterrinne schauend, sah ich, dass sich wohl eine Steinplatte aus der senkrechten Felswand gelöst hatte. Sicher hatte das Wasser der anhaltenden Regengüsse der vergangenen Tage sie gelockert. Knallend und staubend prasselte eine gefährliche Ladung Steinschotter zu Tal.

Schnell schaute ich nach meinem Gamsbock, wie er darauf reagieren würde. Gerade am Verschwinden am diesseitigen Rand sah ich noch seine Läufe hinter einem großen Felsbrocken emporragen. Mehr konnte ich nicht mehr erkennen, da die Randbäume die weitere Sicht verdeckten.

Was war mit ihm geschehen? Hatte ihn der Steinschlag erwischt? Oder war er nur in der Abflucht gestrauchelt? Das musste ich mit dem Hund kontrollieren.

Einige Minuten noch schaute ich in der Umgebung seines Verschwindens, ob nicht doch etwas von ihm zu entdecken sei. Aber nun, auf und nachgeschaut! Vielleicht lag er hinter dem Felsbrocken.

Silva war stets dabei.

Der Schweißriemen war zum Glück wie immer im Rucksack. Die Hündin schaute mich verstehend an, als ich den Riemen abdockte. Jetzt, so wusste sie, würde es Arbeit geben.

Das Geprassel der Steinlawine war verstummt. Nur noch einzelne Trümmer polterten zu Tal. Jetzt mussten wir zwei, noch bevor es dunkel geworden war, dort hinauf zur Kontrolle. Ich hatte mir den Platz genau gemerkt, hinter dem ich die in die Luft ragenden Läufe des Gams verschwinden gesehen hatte.

Nach rascher Steigerei waren wir an dem etwa 200 Meter höheren Punkt angekommen. Hier, hinter dem markanten Felsbrocken lag kein Gams. Der Hündin gab ich nun den ganzen Riemen, um sie vorsuchen zu lassen. Interessiert bewindete sie einige Steintrümmer am Rand der Riese, zog dann nach wenigen Metern aufwärts. Schweiß oder Schlaghaar konnte die Erfahrene nicht verweisen. Aber ihr Verhalten zeigte, dass sie auf einer frischen Fährte war. Noch etwa weitere hundert Meter ließ ich sie suchen. Der Gams war offenbar gesund. So brach ich die Suche ab, trug die Hündin beiseit' und rollte den Schweißriemen auf kurze Länge wieder ein. Silva begriff sofort, dass die Suche beendet war. Wir hatten oft Ähnliches auf Gesundfährten probiert, das kannte sie. Hätte sie Krankwitterung gehabt, so hätte sie sich nicht so einfach abtragen lassen.

Offenbar hatte nur ein Stein den Gams getroffen, oder er war in hastiger Flucht gestrauchelt. Auf jeden Fall wollte ich die nächsten Tage hier nachschauen, zumal ich ja noch auf den Rehbock scharf war.

Der Sommer verging, ohne dass ich weder den Rehbock noch den Gams in Anblick bekam. Auch berichtete mir keiner der Mitjäger von einem besonderen Rehbock. Das Rehwild hatte in diesem Revier eine nur recht nebensächliche Rolle. Alle waren nur Hirsch und Gams hinterdrein. Dennoch wuchsen immer wieder enorm starke Rehböcke heran, worauf das Interesse immer wieder neu entflammte.

Auch meine Gänge führten mich mehr auf lichte Höhen im hinteren Tal, als dass ich mich dem Rehbock in Ortsnähe widmete. Dennoch saßen wir an sonnigen Tagen stundenlang vor der Hütte, wobei das Spekulieren mit Glas und Spektiv nicht nachließ. Die Hirsche hatten verschlagen und der Sommer sich herbstlich abgekühlt. Sie hatten sich wieder an ihre gewohnten Plätze verzogen, wo sie die Brunft alle Freundschaft vergessen ließ. Der gute Hirsch, den ich anfangs noch im Bast entdeckt hatte, war auf die gegenseitigen, bewaldeten Hänge des Gundsbergs gezogen, wo das Kahlwild stand. Er hatte, der Jägerei seit langem bekannt, schon das Alter erreicht, wodurch er zum jagdbaren Einserhirsch gereift war. Für mich in diesem Jahr tabu, da ich nur alle zwei Jahre einen Erntehirsch frei hatte.

Anfang Oktober jedoch führte mich mein Weg wieder hinauf zum Leiterberg. Ein Jagdgast hatte hier einen Hirsch angeschweißt, den ich mit meiner Silva nachsuchen sollte. Unser Jäger Bernd hatte zwar eine Steirische Rauhaarbracke, aber der Hund war erst ein halbes Jahr alt. So war meine Silva wieder einmal willkommen, und wir beide stiegen hinauf, wobei uns unser zweiter Berufsjäger Roland begleitete. Der hatte zwar auch einen Hund, aber das war ein Kleiner Münsterländer, also nicht unbedingt ein Schweißhund fürs Hochgebirge. Das Drama, wie es zu diesem Berufsjägerhund kam, habe ich in einem meiner Bücher geschildert.

Der Gast hatte von demselben Sitz aus geschossen, auf dem ich im Juni gesessen war. Auch dieser Gast hatte offenbar Probleme mit dem Weitschuss steil bergan. Dieser Hirsch war jedoch schwer krank in Richtung Brennte Rucke gezogen, wobei der Roland Schweiß an dessen Hinterseite gesehen hatte.

Nachdem wir droben am Anschuss waren, verwies meine Silva Schweiß, der offensichtlich aus dem Gescheide stammte. Seit dem Schuss waren fünf Stunden vergangen, sodass ich die Hündin zur Fährte legte. Langsam suchten wir voran, immer das Gelände vor und unter uns sorgsam beobachtend. Nach etwa weiteren vierhundert Metern auf gleicher Höhe bleibend, pfiff uns von droben unter den Wänden ein Gams an. Ein Bock, schon herbstlich schwarz, stand dort oben, stampfte mit dem Vorderlauf und pfiff. Das Glas zeigte einen recht guten, jagdbaren Bock. Welch eine Verlockung! Aber während einer Nachsuche ist alles andere Wild tabu. Nachdem wir hier unten still dastanden, wurde es dem da droben zu lang, er wendete und zog seitlich davon.

Da gab es mir einen Riss. Das war ja der Bock vom Juni, den es im Steinschlag geworfen hatte. Ich sage nicht „mein“ Bock vom Juni, denn er war ja noch lange nicht „mein“. Deutlich sah ich die auffallend helle Färbung seines rechtsseitigen Keulenflecks.

Dem wollte ich mich in nächster Zeit widmen.

Weiter ging unsere Suche. Silva hing ruhig im Riemen und verwies hin und wieder neue schweißige Gescheidereste. Der Wind zog immer noch stetig bergauf, sodass die Hündin sofort Witterung vom eventuell abwärts gezogenen Wild bekommen hätte. Und so war es dann auch. Plötzlich stoppte die Hündin, äugte abwärts, und schon sahen wir den Hirsch etwa fünfzig Meter unterhalb von uns im Wundbett sitzen. Roland hatte seine Büchse dabei, während ich die meine im Vertrauen auf sein Können daheim gelassen hatte. Auf den Schuss fiel das Haupt des Hirsches zur Seite. Die Suche war beendet.

Steil ging’s hinunter. Die Silva wurde gebührend abgeliebelt und bekam vom Roland einen kleinen Latschenbruch an die Halsung gesteckt. Der Schuss saß im großen Gescheide, ohne den Pansen verletzt zu haben. Wie gut, dass wir den Hirsch so bald erlösen konnten.

Die Bergung war relativ einfach, denn es ging steil bergab, sodass nur der Roland den Hirsch ziehen musste. Erst unten auf den ebenen Wiesenflächen begann die Mühsal, doch hier konnte der Pickup bis zum Erlegten herangefahren werden.

Die beginnende Hirschbrunft lockte mich weg vom Leiterberg zu den Brunftplätzen weiter südlich, hinten im Tal, sodass ich vorerst nicht an den Gamsbock dachte. Die Hirsche schrien zwar auch rund ums Jagdhaus, jedoch lockte mich ein Abnormer, den ich vor Mitte Oktober erlegen konnte.

Als die Gamsbrunft begann, fiel mir der Leiterberg ein. Wieder wählte ich meinen Beobachtungsplatz vor dem Jagdhaus. Aber bald verließ mich die Geduld. So konnte es nichts werden. Die Entfernung zu dem Gamsbetrieb im Leiterberg war für sicheres Ansprechen viel zu weit. Ich wollte ja speziell nach meinem „Steinschlag"-Bock schauen. Den konnte ich auf diese Distanz nicht erkennen. So fand ich einen Platz weit oberhalb des Talgrunds, direkt unterhalb der Gipfelwände. Hier hatte ich guten Einblick auf freie Flächen im Hang. Es lag bereits eine Schneedecke, die mir Fährten zeigte und auch jede Bewegung schnell sichtbar machte. Hier waren einige Gams zugange, und ständig tauchte auf der gut einsehbaren Fläche ein schwarzer Wildkörper auf.

Es war ein langes Sitzen und Harren. Doch so weit oben zu sein, war eine Garantie, dass ich auch guten Wind hatte. Das ganze Brunftgeschehen spielte sich ja unterhalb von meinem Ansitz ab.

Ich hatte gut gewählt. Bereits am frühen Mittag sah ich einen starken Bock suchend etwa sechzig Meter unterhalb heranwechseln. Der war hochjagdbar. Nach der Krucke konnte es durchaus der Gesuchte sein. Wegen der Steilheit des Geländes konnte ich aber keinen Pinsel erkennen, der war vom Wildkörper verdeckt. Dann machte der Bock eine Wendung. Klar und deutlich sah ich den hellen Keulenfleck an seiner Seite. Das war der Gesuchte.

Nun kam das gleiche Problem mit dem Haltepunkt wie beim Schuss steil bergauf. Doch darin hatte ich durch eigene Fehler beste Erfahrung. Im Knall warf es den Bock den Hang hinab. An einem Baum blieb er verendet hängen.

Noch ein paar Minuten wollte ich sitzen bleiben. Wollte meine Freude genießen, dass es nun bei der dritten Begegnung wirklich „mein" Bock geworden war. Das erste Zusammentreffen mit prasselndem Steinschlag und deutlichem Fall des Bocks stand mir wieder klar vor Augen. Monate voll bunter Erlebnisse reihten sich rund um seinen Einstand. In Gedanken hörte ich, wie er uns bei der Nachsuche seinen Warnpfiff entgegenschickte.

Ein Wild, das man beim ersten Zusammentreffen erbeutet, freut einen immer. Sonst sollte man es ja bleiben lassen. Doch wenn der endlichen Erlegung viele Begegnungen vorausgegangen waren, ist die Trophäe von ganz besonderem Wert.

Selten bin ich so freudig zu meiner Beute abgestiegen. Die Jahresringe an der Krucke bestätigten meine Vermutung, dass er mit seinen elf Jahren gut jagdbar war. Das Suchen nach einer Verletzung durch den Steinschlag von damals brachte kein Ergebnis. Warum war er wohl gestrauchelt?

Bald kreisten mit „Kruck“ und „Krock“ die ersten Gratulanten über mir. Die Kolkraben wissen genau, was ein Schuss bedeutet. Die Bergung war hier recht mühelos, nur die Steilheit des Geländes und unterm Schnee verborgene Tücken heizten mich auf.

Am nächsten Tag machte ich mich an die Aufbereitung der Trophäe. Als ich die Decke vom Haupt abschärfte, wurde ein deutliches Loch in der Schädeldecke sichtbar. Der Steinschlag hatte ein drei Zentimeter langes Stück des Schädels herausgesprengt. Dieser Schlag hatte den Bock wohl kurze Zeit bewusstlos gemacht.

Das Gebirge schlägt uns mit seiner Großartigkeit und Wildheit in den Bann. Daher verdient das Bergwild besondere Hochachtung angesichts der Gefahren, denen es in seinem Lebensraum ständig ausgesetzt ist.

Vom Steinschlag getroffen.

Im Advent

Endlich hat's geschneit. Was heißt da „geschneit"? Es ist wie eine Kostprobe, wie es wäre, wenn's mal richtig weiß würde. Dennoch bietet sich teilweise eine Möglichkeit zum Abfährten. Wenn man wochenlang kaum Wild sieht, beschleichen einen Zweifel, ob nicht alle Tiere die Republik verlassen hätten. Bei täglichen Gängen, wöchentlich mindestens zweimaligem Ansitz erhofft man sich, wenn schon nicht Beute, so doch ein wenig Anblick. Selbst bei der Heimfahrt im Dunkeln fehlt die vertraute Begegnung mit Hasen auf den Wiesenstreifen.

Auch meine Freunde in entlegenen Revieren schauen vergebens nach Wild aus. Einer von ihnen hat daraufhin eine Wärmebildkamera aufgestellt. Und siehe da: die Rehe sind noch in ihrer Heimat. Der Jagddruck, die Unruhe im Wald durch die Käfer-Holzung, späte Wanderer und Jogger haben das Wild zu Nachttieren gemacht. Wenn nun auch noch mit Nachtzielgeräten die gewünschte „Schädlingsbekämpfung" durchgeführt würde? Doch lassen wir das Thema! Es soll ja von einem kleinen Weihnachtswunder erzählt werden.

Der ersehnte Schnee, der fast traditionell erst nach Weihnachten fällt, kommt heuer als kleiner Vorbote schon zwei Tage vor dem Nikolaustag. Die Winterpracht dauert zwar nicht lange, doch zum Fährtenlesen findet sich auf einigen Abschnitten noch eine kurze weiße Strecke. Hier ist die Möglichkeit, zu schauen, wer da nächtens seine Fährten und Spuren hinterlassen hatte.

Am Tag vor St. Nikolaus machen meine Frau und ich mit unseren Hunden am frühen Nachmittag einen weiten Reviergang. Bei fast jedem weißen Abschnitt können wir freudig feststellen, das Wild ist noch da. Hier ein Hase, dort ein Reh, hier wohl Geiß mit

Kitz, dort Rotwild und natürlich – die Sauen. Für die brauche ich allerdings keinen Schnee, deren Wechsel sind kleine Trampelpfade, wo sie zu ihren Mastbäumen oder Kirrungen wechseln. Besonders freue ich mich über Hasenspuren. Die Löffelmänner sind die besonderen Freunde von uns beiden. Seit ich in meinem riesengroßen Revierteil jage, und das sind schon einige Jahrzehnte, hatte ich nie den Wunsch, einen von ihnen zu erlegen. Zu sehr erfreut mich ihr Anblick, wenn sie bei beginnender Dämmerung mümmelnd auf den Äsungsflächen hocken.

Nach kurzer Runde gehen wir zurück zum Auto und fahren zu einem weiter entfernt liegenden Revierteil. Auch dort stellen wir mit Freuden fest, dass sich hier nicht nur Fuchs und Has' gute Nacht gesagt hatten.

Wir kommen an einem Waldstück vorbei, wo ein Weiser-Gatter kürzlich abgebaut wurde. Die Bündel von engmaschigem Zaundraht liegen überall herum. Aber was ist das? Ein Drahtknäuel bewegt sich. Wie ist das möglich? Von weitem sehen wir, dass sich darin ein Hase verfangen hat. Wie kam der da hinein? Zu langem Überlegen bleibt keine Zeit. Bevor wir ihn befreien, will ich noch schnell ein Foto mit dem Handy machen, um den Herrn Forstarbeitern ihre Schlamperei vor Augen zu führen.

Doch wo ist mein Handy? In welcher Tasche ich auch suche, es ist nicht da. Verflixt! Jetzt nur keine Panik! Sicher liegt's im Auto. Bevor wir umkehren, befreien wir den armen Mümmelmann, der ohne unsere Hilfe in seinem Gefängnis elend zugrunde gegangen wäre. Als er endlich heraußen ist, saust er mit wippender Blume los. Unsere Hunde hatten wir zuvor abgelegt, und sie haben brav die Prüfung bestanden. Jetzt würden sie natürlich gerne die warme Spur arbeiten, aber wir kehren um. Ich bin zu besorgt, ob das Handy wirklich im Auto ist.

Sosehr wir auch suchen – der Möglichkeiten sind in einem Auto ja nicht viele – das Handy ist verloren. Wo kann es liegen? Es muss mir irgendwo aus der Hemdtasche gerutscht sein, denn da stecke ich es immer hinein. Das ist keine schöne Bescherung zur Weihnachtszeit.

Wir alle wissen, was für Probleme bei Neubeschaffung, Sperren der Rufnummer usw. entstehen werden. Bei mir kommt noch der unersetzliche Verlust vieler wichtiger Fotos in der Bildergalerie dazu. Sie sollten zu meinen Veröffentlichungen gehören.

Jetzt heißt es zurück zum Beginn unserer Route und systematisch suchen, suchen, suchen. Eile ist geboten, denn es schwindet das Licht in den Abend. Zum Glück haben wir eine Taschenlampe im Wagen, und die Nachsuche beginnt. Wir suchen an allen zuvor abgewanderten Plätzen, auch dort, wo wir das Auto immer wieder abgestellt hatten. Als die stockdunkle Nacht jede Sucherei sinnlos macht, verschieben wir die erneute Nachschau auf morgen.

Gleich nach dem Frühstück, das ich in gedrückter Stimmung einnehme, geht's wieder ins Revier. Nun wollen wir die Strecke in der gleichen Runde abfahren, die wir am Vortag gemacht haben. Wir sind noch gar nicht weit gekommen, als meine Frau sagt: „Schau mal, da vorne hängt ein Zettel! Der war doch gestern noch nicht da."

Sauber und regendicht in Plastik laminiert, hängt, professionell mit Kabelbindern an einem Strauch befestigt, ein handgeschriebenes Blatt:

„Ich habe am 5. 12. hier ein Handy gefunden. Wenn Sie es verloren haben, bitte melden Sie sich bei mir unter der Telefon Nr. xxxxxxxxx."

Es ist wie ein Erwachen aus bösem Traum.

So schnell bin ich noch nie heimgefahren, denn womit hätte ich den Finder anrufen können. Das Handy meiner Frau hätte nichts genützt, denn dieser Teil des Reviers befindet sich im Funkloch.

Als ich von daheim den Finder erreiche, stellt sich heraus, dass er in unserem Nachbarort wohnt. Da er gerade unterwegs sei, könne er mir bei seiner Heimfahrt das Handy vorbeibringen. Er fragt nach meiner Adresse und sagt, in ein paar Stunden würde er bei mir sein. Er wäre am gestrigen Nachmittag – es kann ungefähr eine Stunde nach uns gewesen sein – beinah auf das auf dem

Weg liegende Handy getreten. Daraufhin sei er heimgefahren, habe den Zettel geschrieben, diesen laminiert und sei wieder an den Fundort gefahren, um ihn dort zu befestigen.

Nach ein paar Stunden steht der brave Mann vor der Gartentür und hält das verlorene Handy in die Höhe. Als er die Tüte mit Dankesgaben abwehren will, sage ich ihm, dass sein Fund unvergleichlich wertvoller als der Finderlohn sei. Wer, so frage ich ihn, macht sich eine solche Mühe, um ein Fundstück dem Besitzer zurückzugeben? Er hat mir eine große Nikolaus-Überraschung beschert.

Und wenn ich an den Vortag denke – auch wir haben einem Mitgeschöpf, dem kleinen Hasen ein solches Wunder beschert.

Schwarzer Traum auf weißem Grund

Eigenartig! Wenn man die Erinnerungsstücke an den Wänden eines Jägerhaushalts betrachtet, so scheinen Reh- und Hirschgeweihe immer staubfrei zu sein. Gamskrickel jedoch rufen, weil sie pechschwarz sind, sehr bald nach dem Staublappen. Den jedoch darf niemand anderer als der Erleger selbst in die Hand nehmen.

So kommt mir, als ich die an einer Wand dicht hängenden Trophäen meines Lieblingswilds abstaube, die Krucke einer ganz besonderen Geiß in die Finger. Sechzehn zeigen die Jahresringe auf den achtzehn Zentimeter hohen Schläuchen. Das Datum, mit feiner Feder auf die Hirnschale getuscht, nennt den 14. Dezember. Jetzt entsteht alles Drum und Dran wie's damals war erneut farbig und lebensfrisch vor meinem Auge.

In jenen Jahren war für mich das Gamsjagern noch so, wie es in einem alten Jagerlied heißt: „Denn je höher, je lieber, des is mei Spruch alleweil." Da zählte nur ein Erlebnis, wenn's wirklich gach herging. Das war jedoch in jenem Lungauer Revier kaum anders möglich, denn seitab vom Talweg ging's wirklich gach hinauf zu den Gamseinständen. Vom Touristensteig aus zu schießen – da zog man nur verächtlich die Lefzen hoch.

Der Dezember ging bereits auf seine Mitte, zum Ende der Schusszeit hin, und ich hatte noch drei Gams frei. Einen Bock hatte ich meinem Bruder als „Christkindl" zugedacht, und wir wollten unsere Gänge, da er sich im Revier nicht auskannte, stets gemeinsam machen. Der Hans, der sonst oft mein Pirschführer und Begleiter war, hatte als Berufsjäger Dienst im Nachbarrevier und konnte erst am kommenden Wochenende mit uns gehen.

Der Winter hatte es bislang gnädig gehalten. Der Schnee lag nur gerade mal schuhhoch. Von Langwettervoraussagen wusste noch niemand. Da wurden andere Weiser, wie Bergvögel, die plötzlich in Häusernähe waren, wahrgenommen, oder die rheumatischen Knie des Großvaters.

Das schmale Tal der Lignitz wird gleich nach den letzten Behausungen von bis auf zweieinhalbtausend Meter ragenden Gipfeln begrenzt. Wir wollten gleich zu Beginn der rechten Bergseite auf halber Höhe immer weiter bis zu einer Hochfläche hinaufpirschen, wo wir ein wenig spekulieren könnten. Unangenehm war nur der ständig zunehmende Wind, der den pulvrigen Schnee vor uns her und auf uns herabwirbelte. Droben auf der Freifläche suchten wir Schutz an einer dichten Latschengruppe, die uns im Rücken den Wind ein wenig abhielt und uns frontal vom weißen Hintergrund abdeckte. Die Brunft war gewiss schon vorbei, aber vielleicht würde noch ein spätbrunftiger Bock umeinandersuchen.

Nach einer Stunde zog ein kleines Scharl Gams aus der Überriegelung herauf und äste, mit den Schalen den Schnee wegschlagend, die herbstlichen Berggräser. Beim genauen Hinschauen gefiel mir eine junge Kohlgeiß recht gut. Sie war etwa dreijährig, die bleistiftdünnen Schläuche standen ganz eng beieinander, und ein Kitz hatte sie ohnehin noch nicht. Doch mein Bruder schüttelte den Kopf. Ein Bock wäre ihm lieber.

Kohlgams waren in diesem Revier gar nicht so wunderselten. Keine weißen Zügel, keine weiße Blesse auf dem schwarzen Grind. Mir fiel jene Kohlgeiß ein, hinter der ich sehnsüchtig seit Jahren her war. Nie hatte ich eine Möglichkeit zum Schuss. Nur einmal, gleich zu Beginn unserer Begegnung, stand die unheimlich starke Geiß ruhig im Fadenkreuz. Doch bevor ich das gestochene Züngl berühren konnte, verdarb mir ein schusshitziger Mitjäger diese große Chance. Wir hatten ein kleines Scharl vor uns, in dem auch für ihn ein passendes Stück dabei war. Er konnte es, entgegen unserer Abmachung nicht erwarten, bis auch ich auf mein Ziel fertig war. Die Kohlgeiß sprang ab, ohne mir auch nur die geringste Möglichkeit zum sicheren Schuss zu geben. Seitdem geisterte sie durch meine Gamsträume und blieb für mich unsichtbar. Die einheimischen Jäger berichteten oft von ihr. Mal führte sie ein Kitz, da war sie eh tabu, mal keines. Mir jedoch war sie versagt. Seit einiger Zeit blieb sie verschwunden. Wahrscheinlich war sie das Opfer eines Winters geworden, und so vergaß ich sie.

In meine Gedanken hinein stieg plötzlich aus der Tiefe des Abhangs ein Bock herauf. Wie suchend. War die Brunft wohl doch nicht vorbei? Im Spektiv sah ich, dass er eine relativ dünne, schlecht gehakelte Geißkrucke trug. Die Auslage war gut, das Alter schätzte ich nach dem kaum sichtbaren Pinsel auf etwa fünf bis sechs Jahre. Doch der Bart, der im Wind verlockend wachelte, mit gutem Reif seitlich lang herabhing, war beachtlich. Aufmunternd nickte ich meinem Bruder, der die Büchse schon bereithielt, zu.

Auf den Schuss kippte der Bock, ohne noch einen Lauf zu rühren, in eine Geländemulde. Das Scharwild nahm keine Notiz von Knall und Fall und so mussten wir uns gedulden, bis die Gesellschaft nach einer guten Weile weitergezogen war. Das war nichts Ungewöhnliches, knallt und kracht es im Gebirg doch oftmals, wenn Felsbrocken zerspringend in die Tiefe poltern.

Inzwischen hatte sich der Wind zum Sturm, fast zum Orkan gesteigert. Das Warten wurde uns lang. Den ach so feschen Hut musste ich mir mit einer Schnur aufs Haupt binden. Mein Bruder war da schlauer, er war gleich mit einer Strickhaube losgezogen.

Der Bart des Bocks mit reichlich Haar war wirklich selten gut, und wir suchten ein einigermaßen windgeschütztes Plätzchen, wo ich ihn rupfen konnte. Mein Bruder wickelte die ihm zugereichten Haarbüschel schnell und sorgfältig in die mitgebrachte Jagdzeitung. Glücklich, mit den Worten, „das wird ein Sonntagsbart“, verstaute er das wohlverschnürte Bündel in der Innentasche seines Anoraks.

Bis wir mit unserer Beute abgestiegen waren, hatte sich der Himmel verfinstert, der Sturm heulte und fauchte, erste dicke

Flocken fegten uns ins Gesicht. Bald waren wir am Talweg beim abgestellten Auto. Im wirbelnden Schneesturm war der Weg gerade noch zu erahnen.

Aber beim Einsteigen – o Schreck – mein Bruder suchte verzweifelt in seinem Anorak. Das kleine Zeitungsbündel mit den prachtvollen Gamshaaren war weg. Offenbar hatte er es vor lauter Erlegerfreude neben die Tasche gesteckt. Nix war's mit dem Sonntagsbart. Alles Suchen auf unserer Rückfährte wäre sinnlos, denn der Schneesturm hatte längst unsere Spuren verweht.

„Verflixt nochmal", jammerte er, „warum hab' ich's nicht in den Rucksack gesteckt? Ich könnt' mich ohrfeigen."

Wir waren diesmal nicht ins Moxn-Hütterl gezogen, sondern, wie es sich als segensreich herausstellte, im Gasthaus der Lerchner-Mutter untergeschlupft. Es schneite und stürmte nämlich noch weiter. Zwei weitere Tage und Nächte. An Gamsjagern war nicht zu denken.

Inzwischen hatte Freund Hans dienstfrei. Nun war er für mich da. Er wusste schon eine schöne Pirsch. Jedoch an eine Fahrt mit dem Auto ins Tal war nicht zu denken. Zum Glück hatte der Hans einen uralten Traktor. Mit dem tuckerten wir, bis er endgültig aufsaß, ins Lignitztal hinein. Der Himmel war nun wieder tiefblau und wolkenlos.

Doch die Gams ließen sich nicht blicken. Nirgendwo zeigte sich in der Höhe eine Fährte. Es ist immer so, dass nach ausgiebigem Schneefall das Wild erst einmal abwartet, bis sich der Schnee ein wenig gesetzt hat. Da ruhen die Gams unter Latschen, Wetterfichten oder überhängenden Felswänden, während sich die Jäger die Augen trocken schauen.

Aber als wir anderntags blauhimmelüberwölbt ins Tal hineinspurten, sah die Sache schon anders aus. Überall in der Höhe hatten die Gams frische Fährten gezogen. Das hieß, hoch hinauf über die Baumgrenze, denn dort auf den steilen Hängen war der lockere Schnee teilweise schon abgerutscht und hatte auf den nun aperen Flächen die Äsung freigelegt. Zum Glück blieb es bitterkalt, denn bei einem Wärmeeinbruch wäre die Lawinengefahr lebensbedrohlich geworden.

Also wühlten wir uns Meter für Meter durch die weiße, weiche, manchmal bis zum Bauch reichende Pracht hinauf. Zum Glück kannte der Hans jeden Steig, ohne dies wäre die Jagd schnell vorbei gewesen. Schweißgebadet mussten wir immer wieder verschnaufen, und das gab uns Gelegenheit, zu schauen und in aller Ruhe abzuwarten, ob und wo sich schwarz auf weiß das Wild zeigte. Ein Hemdwechsel war illusorisch, denn kurz darauf wäre auch die frische Wäsche zum Auswinden nass geworden. An Flüssigkeit gegen den Durst gab's keinen Mangel – Schnee war ja genug vorhanden.

Bald wurde unsere Schneewaterei durch guten Anblick belohnt. Ein kleines Scharl Gams zeigte sich unter den Wänden der Gensgitsch. Immer noch weitere Flächen schlugen die Gams mit den Läufen frei, wobei der locker geschlagene Schnee in ständigem Strom rauschend zu Tal rieselte. Doch unter ihnen war lauter Geraffel, kein Stück, das die Mühe des weiteren Aufstiegs gelohnt hätte. In jenen Jahren saß mir das Blei noch reichlich locker auf dem Pulver, aber an jenem Tag wollte ich jagen und nicht unbedingt Strecke machen. Wollte nicht zum Finale dieses mit wunderbaren Erlebnissen reichen Bergjägerjahres irgendeinen reizlosen Abschuss von Kitz oder Gamsjahrling vollbringen. Das mochte ich lieber dem Bergwinter überlassen, der ohnehin in dieser Altersklasse das bessere Sagen und Auswählen hat. So erfreuten wir uns des vertrauten Anblicks und spurten, weiter an Höhe gewinnend, dem Talschluss zu.

Am frühen Nachmittag hatten wir auf dem tief verschneiten Steig unter den oberen Gipfelwänden das Ende der Bergflanke erreicht und machten eine letzte große Rast. Im Dunklen abzusteigen wäre zu leichtsinnig, und so wollten wir grad noch ein Stünderl zuwarten und schauen. Gemütlich verzehrten wir unsere Brotzeit und gönnten uns dazu einen kleinen Schluck Enzian aus meinem silbernen Flachmann.

Plötzlich gab's uns einen Riss. Ein einzelner Gams jenseits des letzten Grabens! Ein Kohlgams! Spektiv raus! Die Kohlgeiß! Die so lang gesuchte! Bei allen grünen Geistern! Wahrhaftig! Es war kein Traum! Ich konnt's kaum glauben. Ganz allein zog die Starke bergauf, schlug mit den Schalen den Schnee weg, um an die Bergkräuter zu gelangen. Doch es war weit. Teuflisch, sakrisch weit! Ohne tarnende Schneehemden näher heranzukommen, war unmöglich. Hätte sie uns eräugt, wäre wiederum alles verloren. Der Felsbrocken vor uns wäre die rechte Auflage. Nur die hohe Schneehaube, die musste erstmal ein wenig weg, damit ich meinen Rucksack drauflegen konnte. Wie weit? Hans und ich waren der Meinung, es müsse knapp an der Dreihundertmetergrenze sein. Das sollte kein Problem für die 243 bedeuten, solche Schüsse waren am Berg manchmal notwendig, wenn's unmöglich war, die Distanz zu verringern. Als Rast für den rechten Ellbogen legte ich den Bergstecken schräg auf den Stein und hockte mich bequem in den Schnee. Der Hans nahm das Glas nicht mehr von den Augen, und als die Geiß kurz das Haupt hob, fuhr der Schuss, gedämpft vom verschneiten Gelände, aus dem Lauf. Verlöscht versank die Schwarze im tiefen Weiß.

Wie die Schulbuben hupften wir vor Freude und die kräftigen Schläge auf meinen Buckel zeigten, wie sehr mir der Hans die Erlegung vergönnte. Er wusste seit langem, wie sehr ich gerade diese Geiß gesucht hatte. Die Kohlgeiß! Welch ein Glück! Welch ein Geschenk! Immer noch konnte ich es kaum fassen. Wie viele Jahre war ich hinter ihr her gewesen, wie oft hatte ich ihr zulieb auf ein anderes Wild verzichtet?! Der schwarze Traum auf weißem Grund war Wirklichkeit geworden.

Aber jetzt mussten wir über den gefährlichen Graben zu ihr hinüber. Das war ein höllisch steiler, von Steinschlag, Schnee und Lawinen tief und glatt gehobelter Einschnitt. Mit den lockeren Schneemassen war es obendrein eine kitzlige Sache, dort hinüberzukommen.

Ein Blick zu den Graten hinauf zeigte uns, wie riskant diese Überquerung war. Dichte, lange Schneefahnen fegte der Ostwind

Hans und ich bei der ersehnten Beute

über die Schneid. Dort droben wuchsen zusehends die Wechten. Es war nur eine Frage der Zeit, bis eine abbrach und als Staublawine, alles erstickend, Jäger und Beute begrub. Ständig besorgt nach oben hin sichernd, rutschten wir hintereinander in die Tiefe des Grabens und wühlten uns, weiß wie die Schneemäuse, drüben wieder hinauf.

Und dann kam der glücklichste Moment! Sie war es, die lang ersehnte, lang gesuchte, schon fast legendäre Kohlgeiß. Ich stapfte zur nächsten Zirbe und holte einen letzten Bissen für das edle Wild. Ich hockte mich zu ihr in den Schnee. Die schmalen Jahresringe zählend, hielt ich kurz Rückschau auf die vergangenen Jahre, in denen ich vergeblich nach ihr geschaut hatte. Das einst total kohlracklschwarze Haupt war jetzt um die Lichter zart silbern überhaucht, was ihm einen gewissen Adel verlieh.

Es wäre nun stimmungsvoll gewesen, noch eine Weile genießend bei der seltenen Beute zu verweilen, doch dazu blieb keine Zeit mehr. Der junge Mond stieg bereits über die östlichen Grate herauf, und die Sonne war längst hinter den jenseitigen Bergen versunken. Der kurze Tag, das schwindende Licht mahnten zur Heimkehr. Selten ist ein Jäger glücklicher vom Berg gekommen, als ich es damals war.

Nun hängt die Gamskrucke wieder unter ihren anderen Artgenossen an der Wand. Wenn auch Staub darauf war, auf der Erinnerung liegt keiner. Es ist alles noch so frisch und lebendig wie ehedem.

Eine „haarige" Weihnachtsgeschichte

Der Vormittag des Heiligabend-Tags müsste bei mir eigentlich „Heiligmorgen" heißen, denn traditionell gehört er einem Gang durchs Revier. Die Büchse ist nur für einen Notfall dabei, denn – man weiß ja nie…

Der Schnee, der eigentlich zum Fest gehört, ist schon wieder weggetaut. Zudem ist's noch frühherbstlich warm. Das Auto lasse ich am Rand des zentralen Waldstücks stehen. Mein erster Gang gilt der Rehfütterung, die zurzeit nur mit Heu bestückt ist, denn wenn wirkliche Notzeit eintrifft, sollten die Tiere wissen, wo was zu finden ist.

Freudig sehe ich, dass mein bäuerlicher Helfer und Freund, der Furtner Loisei, viele Äste vom Obstbaum-Schnitt am Waldrand ausgelegt hat. Hier waren schon viele Zweige von den Hasen reichlich benagt worden. Gut, dass der Loisei bereits im Oktober für seine Hilfe mit einem Mümmler belohnt worden war. Er ist auch sonst eine unentbehrliche Stütze, wenn's um Revierarbeiten geht. Heute will ich noch bei ihm mit Weihnachtsgrüßen und einer Flasche Allgäuer Enzian vorbeischauen. Diesen Schnaps sieht er als Lebensretter. Einst hatte er beim Hochstandbauen arge Kreislaufprobleme. Nach ein paar Schlucken aus meinem Flachmann kam er wieder zu sich. Seitdem schwört er auf die Heilwirkung.

Plötzlich höre ich Hunde-Hetzlaut. Verdammt! Da sehe ich schon über die Wiese ein Reh in weiten Sätzen vor einem Hund dahinflüchten. Die beiden trennen nur noch etwa 50 Meter, und der Hund scheint aufzuholen. Und die Hatz geht auf einen groben Sturzacker zu in Richtung Wald. Nach nur wenigen Metern wird das Reh darüber flüchten. Dann ist der Hund im Vorteil, weil er mit seinen Pfoten nicht so tief einsinkt wie das Reh mit seinen kleinen Schalen. Der Hintergrund ist aber gefährdet. Nur auf einer kurzen Strecke ist's möglich, gefahrlos zu schießen. Kein Dorf, keine Landstraße kilometerweit dahinter. Schnell eine Patrone in den Lauf! Verflixt! Wo sind die Patronen? Da, endlich habe ich eine aus dem Futteral gefummelt und eilgeschwind in den Lauf geschoben. Den Hund zu erschießen, und noch dazu an diesem Tag, kommt mir nicht in den Sinn. War ich doch in einem früheren Leben selber ein Hund gewesen. So sagt es jedenfalls meine Frau.

Jetzt gut genug vorhalten, doch nicht allzu weit vor den Hund geschossen. Nur einen Denkzettel will ich ihm geben, indem ich kurz vor ihm in die Ackerschollen schieße. Doch dieser Schuss ist eine äußerst schwierige, eine „haarige“ Sache. Mitgefahren – weit vorgehalten! Krach! Vor dem Hund spritzt die Erde auf. Aufheulend zieht er den Schwanz ein, dreht ab. Fort! Nur fort! Zurück ins Dorf. Das Reh verschwindet im nahen Wald.

Puh! Das ist super gut gegangen. Das war kein leichter Schuss. Wem mag wohl der Köter gehören? Ein ziemlich langhaariger Schäfer-Mischling. Bisher habe ich ihn noch nie gesehen. Den Besitzer werd' ich rausfinden und ihn mir demnächst kaufen.

Eine kleine Runde mache ich noch im Revier, schaue zum Schluss nach dem Enten-Futterplatz. Schon von weitem sehe ich dort viele Enten am Ufer. Auch diesen Futterplatz hat der Loisei weihnachtlich überreich beschickt. Also, jetzt aber auf zum Loisei!

Als ich auf den Furtner-Hof fahre, schleppt er gerade einen frisch geschlagenen Christbaum zum Haus. Freudig führt er mich hinein. Drinnen duftet es schon so köstlich nach gutem Braten, dass ich schlucken muss. Im Hausgang großes Kindergelächter, und ich sehe die drei Buben mit ihrer Schwester und einem Hund sich spielerisch am Boden wälzen. Und da, was für ein Schock! Das ist ja der Reh-Hetzer!

Der Loisei merkt nichts von meinem Erschrecken. „Gell“, sagt er „des is der neue Liebling vo' meine Kinder und der ganzen

Familie. Den ha'm sich die Kinder ganz arg zu Weihnachten g'wünscht. Und so vui liab is der! Den hammer aus'm Tierasyl und so vui brav is er. Nur haaren tuad er ganz arg mit seine zottleten Haar. Aber des is wurscht, Hauptsach' die Kinder ha'm a Freid!“

Den Schnaps, den er mir mit Weihnachtswünschen reicht, kann ich jetzt gut gebrauchen. Einerseits freue ich mich darüber, dass ich der Familie den Liebling bewahrt habe und denke, wie sehnsüchtig und traurig im anderen Fall alle auf ihn gewartet hätten.

Der „haarige Schuss“ hat Reh, Hund und Weihnachtsfrieden bewahrt. Jedwede Ermahnung muss nun bis weit nach Weihnachten warten.

Winter am Berg

Nach milden, schneearmen Wintern scheint's heuer wieder mal richtig zur Sache zu gehen. Schon zur Gamsbrunft lag der Schnee bereits so hoch, dass das Steigen recht beschwerlich war. Doch nun ist vorerst Schluss mit der weißen Pracht. Der blasse Winterhimmel bleibt wolkenlos. Dazu ist es sibirisch kalt. Heut' in der Früh' schau ich am Jagdhaus aufs Thermometer. Minus 21 Grad. Ganz schön weit unten, der blaue Streifen!

Mit dem Jäger Vinzenz will ich heute auf die Lärchkogl-Hütte. Dort wollen wir ein bis zwei Tage bleiben. Halt je nach Erfolg. Ich habe Hirsch und Gams frei. Zudem wurde dort hinten im Tal noch wenig erlegt. Mit dem „Vinz", wie alle ihn hier nennen, habe ich bereits in den vergangenen Jahren viel gejagt. Er ist ein angenehmer Begleiter. Der hochgewachsene, zähe Bergler kennt sein Wild. Beherrscht sein Handwerk wie es sein soll und versteht zu Schweigen, wenn man seinen eigenen Gedanken freien Lauf lassen möchte.

Wir könnten bequem mit dem Pick-Up bis zur Hütte fahren. Der Schnee ist ja noch nicht allzu hoch. Aber der Weg ist halt besonders schön und – vielleicht kann ja schon unterwegs was in Anblick kommen. Wir stellen den Wagen kilometerweit vor unserem Ziel ab, buckeln die wohlgefüllten Rucksäcke auf und stapfen durch das sich weitende Tal. Die Luftfeuchtigkeit ist bei dem extremen Frost zu einem Nebel erstarrt. Wie ein feiner Hauch schwebt er über dem Boden. Vinz spurt voraus, obwohl er durch einen Sturz beim Hirschliefern ein wenig gehbehindert ist. Seine BGS-Hündin weiß, wohin unser Weg führt und ist wenige Meter voran. Es ist ein fast magisches Bild. Der Jäger mit der Büchse über'm Buckel und voraus, schon beinah im Dunst verschwunden, der Schweißhund. Den Rahmen bildet die Kulisse der Berge, über deren Mitte sich das schneeglänzende Dachsteinmassiv wie eine Vision erhebt.

Bevor die Berghänge ansteigen, geht unser Weg unter einem Steilhang ins hintere Tal. Er ist gerade so breit, dass man hier mit dem Auto fahren könnte. Daneben geht es steil hinunter zu einem Bergbach. Jetzt hat ihn der strenge Frost erstarrt. Die Wasseramseln, die sonst im übrigen Jahr mit wippenden Schwänzchen am Ufer lauern, sind talaus zum offenen Bach weitergezogen.

Nach der ersten, beinah senkrechten Steilwand zur Rechten rückt der Berg ein wenig zur Seite. Hinter einem schmalen Waldstück, das zur Höhe strebt, liegt ein von Lawinen baumlos gehobelter Hangstreifen, der bis zum Gipfelgrat hinaufreicht.

Hier verhalten wir. Glasen das Gelände ab. Auf dem etwa dreißig Meter breiten, kirchendachsteilen Lahner, schwarz auf weiß, da schau her, ein Gams. Ganz allein. Spektiv raus! Wir setzen uns nieder und glasen hinauf. Vinz wird ganz aufgeregt. „Des is sie, die oit Geltgoas, die wir nie derwischen konnten, weil sie gar so hoameli is. Aber“, gibt er stirnrunzelnd zu bedenken, „die is fei sakrisch weit drob'n!“

Mitten im Hang steht sie. Unverwandt. Ohne sich zu bewegen. Bis da hinauf sind es gut und gern über zweihundertzwanzig Meter. Der Schuss selber dürfte kein Problem sein, doch sollte sie – bittschön – danach möglichst weit herabkugeln. Durch den tiefen Schnee direkt hinauf zur Erlegten – unmöglich. Auf diesem Hang, mit der Schicht lockeren Schnees auf festerer Unterschicht kann jederzeit eine Lawine abgehen. Eine Lösung wäre, sich seitlich aufwärts durch den Wald zu nähern. So könnte ich die Distanz verringern. Doch, wie ich mir das Gelände genau anschaue, vom Rand des Waldes aus würde ich die Geiß gar nicht sehen, da wäre sie stets überriegelt.

Also ramme ich unsere Bergstecken über Kreuz in den Schnee und lege die Büchse in die so entstandene Gabel. Als Stütze für den rechten Ellenbogen reicht mir Vinz unsere aufeinandergestapelten, wohlgefüllten Rucksäcke. Dafür sind sie jetzt gerade

Auf dem Weg zur Hütte

recht. Steil hinauf muss ich schießen. Den Haltepunkt ein wenig Tiefblatt nehmen. Die Kugel hat durch die extreme Neigung des Hangs eine ziemlich gestreckte Flugbahn. Sie muss, weil sie von unten her den Wildkörper schräg durchschlagen soll, ziemlich tief auftreffen.

Ausgeschnauft! Im sechsfachen Glas schaut sie schon recht klein aus, doch ruhig steht das Fadenkreuz.

Auf den Schuss hin versinkt die Schwarze dort droben verlöscht im Tiefschnee. „So schlegle doch bitte noch ein wenig!“, denke ich, damit sie ins Abgleiten käme, aber sie scheint fest im Schneebett versunken.

Sakrafix! Das hat mir jetzt noch gefehlt! Den Gefallen tut sie mir nicht. Das heißt, ich muss also dort hinauf. Der Jäger kommt in diesem Fall als Apporteur nicht infrage. Er ist dazu mit seiner Verletzung gar nicht in der Lage. Und indem ich dies denke, hinaufschaue, erschrecke ich zutiefst. Jetzt erst sehe ich die Gefahr. Etwa zweihundert Meter oberhalb der Geiß hängt weit über den Berggrat eine gewaltige Wechte. Wie eine Woge aus Schnee. Wenn die abbricht, dann Gut Nacht! Dann nimmt sie Wild und Jäger mit sich. Da gibt's kein Entrinnen. Der Platz hier am Weg, von dem ich gerade geschossen habe, ist eh berüchtigt. Oft bis in den März, April hinein ist er regelmäßig immer wieder von Lawinen verschüttet. Dann liegen hier in manchem Jahr die Schneemassen bis weit in den Juni hinein als unpassierbare Barriere. Gerade als mir das durch den Kopf geht und ich mich zum Aufstieg bereit machen will, sehe ich erleichtert, wie die Geiß ins Gleiten kommt. In einer Schneewolke schlittelt sie, sich immer wieder überschlagend, den Steilhang herab. Fast bis vor unsere Füße. Aufatmen! Ich kann's kaum glauben. Vinz strahlt, haut mir auf die Schulter. „Mei, Bua, hast du a Glück!“

Er holt die Brüche für Wild und Jäger von einer Zirbe. Der Erlegten, mit ihrem bereits grau überreiften Grind gebe ich den letzten Bissen. Als wir uns ihre Lichter anschauen, wird uns klar, warum sie sich da droben nicht weiter getraut hatte. Das rechte Licht ist total von der Gamsblindheit milchig. Das andere bereits im Anfangsstadium getrübt. Meine Freude ist nun eine doppelte, habe ich doch einem Mitgeschöpf ein elendes Verkümmern erspart. Zudem ist ihre Krucke beachtlich hoch und zeigt fünfzehn breite Jahresringe. Sie muss wohl schon lange gelt gegangen sein, denn bei führenden Geißen sind die Jahresringe oft nur millimeterschmal.

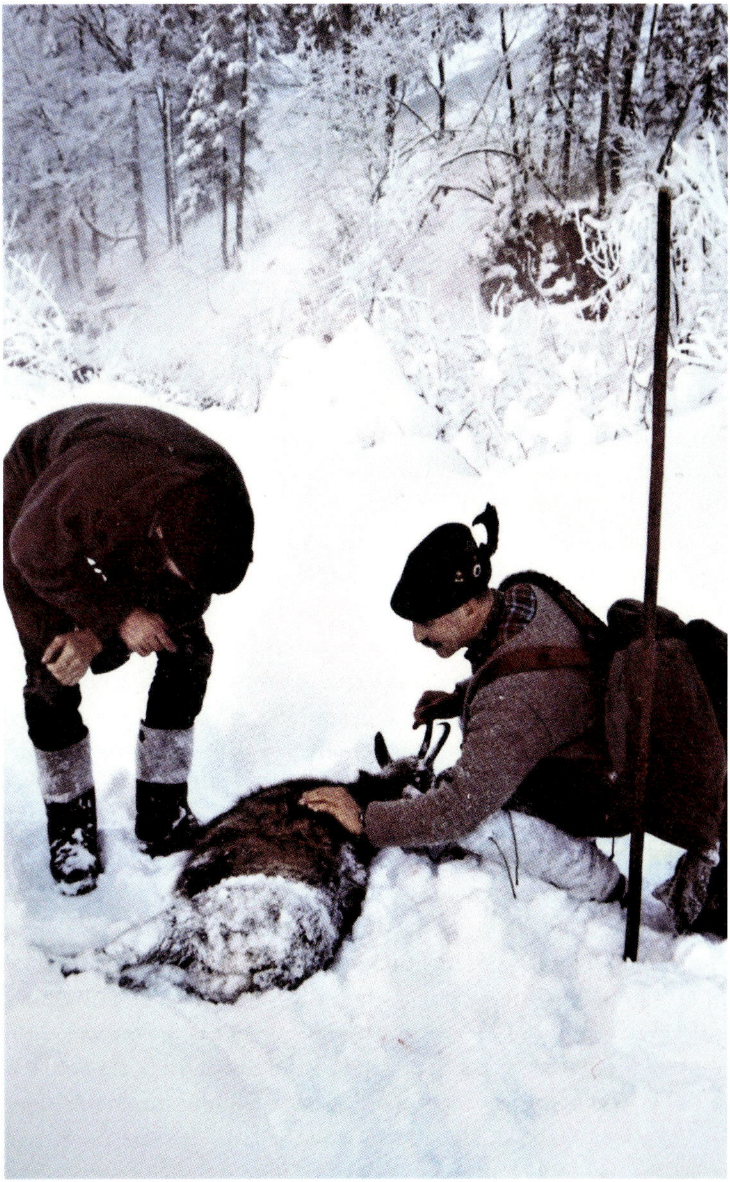

Die Geiß vom Lawinenhang

Bald sind wir an der Hütte angekommen. Ich hänge die Alte an den Haken neben der Tür. Es ist nun schon zu dunkel, um noch etwas zu unternehmen. Schnell ist der Herd zum Wärmespender geworden. Das Feuer singt, die Fichtenscheiter knacken und prasseln. Die Herdplatte bekommt einen rosigen Schein. So gönnen wir uns die mitgebrachten Köstlichkeiten, die nun ganz besonders gut schmecken. Immer wieder murmelt der Vinz vor sich hin „Gottseidank, du hast a Riesenglück g'habt, dass du da net hast hinauf müssen. Mir war's scho' Himmelangst weg's dera Wechtn. Die Lawin', die' hätt uns alle zwei gekillt. Da hätt's koa Rettung net geb'n."

Ab und zu trete ich vor die Hütte. Fahre bewundernd mit der Hand über die schwarze Decke meiner Beute. Der Blick zum Himmel zeigt mir eine Wolkenwand. Wie ein Vorhang schiebt sie sich ziemlich schnell vor Mond und Sterne.

Mir scheint's auch, dass es gar nimmer so eisig kalt ist. Ein beinah milder Wind ist aufgekommen. Weiße Schneewolken schüttelt er von den Ästen. Das Wetter wird wohl umstehen.

In der Hütte erzähle ich dem Vinz von meiner Beobachtung. Besorgt kommt er mit hinaus. Schaut zum Himmel. Kopfschüttelnd murmelt er wieder und wieder: „Des gfoit mir garnet! Des gfoit mir überhaupts net!" Als wir nach einer weiteren Stunde hinausschauen, hüllt ringsum dichter Flockentanz Baum und Berg ein. Es schneit fanatisch, man sieht den Schnee buchstäblich wachsen.

Vinz meint, wenn es so weiterschneit, gibt's hier für uns kein Bleiben. Am liebsten wär's ihm, wir würden noch heut Nacht die Hütte verlassen. Und weiter schneit's fort und fort in dicken Flocken, sodass wir in aller Morgenfrüh' schleunigst Hütte und Tal verlassen. Für die Geiß habe ich mit einer Plastik-Plane eine Unterlage gebaut. Darauf gelegt, gleitet sie mühelos über den Schnee. So kann ich sie wie einen Schlitten hinter mir her ziehen.

Als wir uns dem Platz nähern, von dem aus ich am Vorabend geschossen hatte, traue ich kaum meinen Augen. Eine Lawine versperrt stubenhoch den Weg. Stumm schauen wir uns an. Vinz

Die Hüttenstube nach dem Lawinenabgang

faltet nur die Hände und bekreuzigt sich. Er kennt die Gefahren am Berg und weiß um unser Glück, noch einmal davongekommen zu sein. Wir müssen mühevoll über die hartgepressten Schneemassen kraxeln, denn der schmale Weg fällt auf der einen Seite steil zum Bachbett ab. Wir sind froh, als wir endlich jenseits der Gefahrenzone sind. Jederzeit kann eine neue Lawine auf dem steilen Hang daherkommen. Ganz besonders freuen wir uns, nicht mit dem Geländewagen hergefahren zu sein. Das Auto hätte bis zum Frühjahr vor der Hütte warten müssen, bis man die Schneemassen weggeräumt hätte.

Im Wonnemonat Mai bin ich zur Hahnfalz wieder im Tal. In den Schattseiten liegt noch so viel Schnee, wie ich es bisher noch nie erlebt habe. Selbst die Alten im Ort sagen, es sei der schneereichste Winter seit ihrer Jugend gewesen. Bevor wir jedoch aufbrechen, sagt der Vinz mit geheimnisvollem Augenrollen, er müsse mir an der Lärchkogl-Hütte was ganz Besonderes zeigen. Wie im Vorjahr geht's durch das zauberhafte Tal. Nur fahren wir heute, unser Weg ist bereits wieder aper geworden. Die Schneemassen der Lawine vom Vorjahr versperren jedoch noch immer den Weg, sodass wir hier das Auto abstellen, über den festgepressten Schneeberg steigen und zu Fuß weiter gehen.

Neugierig frage ich: „Was gibt's denn da zu schauen?"

„Du wirst staunen, was für Glückskinder wir sind!"

Und ich staune wirklich, als wir vor der Hütte, oder besser, ihren Resten stehen. Wer weiß, vielleicht war es wirklich am gleichen Tag, nachdem wir sie verlassen hatten, dass eine Lawine sie zermalmt hatte. Die Schneewucht hat das Dach komplett eingedrückt. Unser lieber Wärmespender Herd hockt einsam und verlassen inmitten der Verwüstung. Jahrzehntelang stand die liebe Hütte unberührt und sicher vor Sturm und Schneegefahren.

Ich drücke Vinz die Hand. „Danke für dein Gespür für die Gefahren am Berg. Für die Geiß war's die letzte Stunde, auch für die Hütte, die unsere war's gottlob noch nicht!"

Danke, liebe Lederhose

Mein Terminkalender war voll mit Jagdeinladungen. Was waren das für bunte Jahre. Zu verdanken hatte ich es meiner Cita, der unvergessenen Deutsch-Kurzhaar Hündin. Bereits in meinem Buch „All das ist Jagd“ habe ich von ihr erzählt.

Beim Blättern in alten Dokumenten fiel mir ein Brief mit einer Einladung zur Gamsjagd in die Hände. Dem ging so Einiges voraus. Die Cita war eine der höchstprämierten DK in Bayern. Bis zur Internationalen, zu der sie angemeldet und qualifiziert war, konnte sie es leider nicht schaffen. Kurz vor dem Suchentermin war sie in einen Kellerschacht abgestürzt. Ihre Karriere ging zum Glück in der Praxis weiter, und ihr Ruf reichte weit über unsere Heimatgaue hinaus.

Gute Hunde, speziell für die Niederwildjagd, waren seinerzeit sehr gefragt, denn der Besatz an Hasen, Fasanen und Rebhühnern, besonders im Bereich der oberbayerischen Kiesebene, erlaubte eine reiche herbstliche Ernte. In diesen Revieren wurden noch Busch- und Baumgruppen geduldet. Auch waren die vielen kleinen, von Büschen umstandenen Kiesweiher noch nicht zugeschüttet, damit dem Maisanbau mit neuesten Monstermaschinen nichts mehr im Wege stand.

Für die meisten herbstlichen Wochenenden war unsere Mitwirkung in nicht nur einem dortigen Revier schon im Voraus geplant. Welch schöne Verpflichtung. Der Jagdherr des einen Reviers hatte ein Faible für große Namen aus Adel und Wirtschaft. Diesen Herren wollte und konnte er Jagdfreuden der besonderen Klasse bieten. Dank der Kleinfelderwirtschaft gab es hier einen Niederwildreichtum, wie ich ihn heute nur noch aus dem Burgenland kenne. Die heutigen riesigen Mais-Monokulturen waren damals völlig unbekannt. Kleinflächige Felder mit Kartoffeln und Rüben, Klee und anderen Futtermitteln wurden kaum mit Chemie behandelt. Die sogenannten Pflanzenschutzmittel warteten noch auf ihren tödlichen Einsatz. Vor allem gab es in diesem Landkreis reichlich Weißkraut-Anbau. Das von dort stammende Weißkraut war weit über die heimischen Grenzen begehrt.

An den Jagdtagen bekam ich zwei bis vier Jagdgäste zur Seite. Ich hatte einen gewissen Revierteil für mich und die mir anvertrauten Jäger. Der Jagdherr war mit anderen Gästen in einem entfernteren Revierteil zugange. Es wurde nur Suchjagd betrieben. Anfangs der Schusszeit ging's nur auf Rebhuhn und Fasan. Später im Jahr kamen dann auch die Hasen dazu. Darüber hinaus stieß man an den kleinen Gewässern auf Enten, Bekassinen und Schnepfen.

Als Hundeführer durfte ich natürlich selber mitschießen. Die seitlich von mir gehenden Jäger achteten dabei sehr auf die Arbeit des Hundes. Wenn dieser durch sein Verhalten Wild anzeigte, oder vorstand, kamen die Schützen näher heran, um gute Schussposition zu haben.

Cita hatte durch die enorme Jagdmöglichkeit eine Praxis und Erfahrung, die sie oft durch unglaubliche Leistungen zeigte.

Ich hatte einmal einen Gast dabei, der vor lauter Bewunderung zu schießen vergaß. Auf meine Frage, warum er denn nicht auch auf die Hühner geschossen hätte, sagte er, vor Staunen habe er das total vergessen. So gefesselt war er von Citas Arbeit. Die zeigte sich damals so, dass die Hühner im Kartoffelfeld nicht aufstehen wollten, sondern verstreut weit vor uns herliefen. Das merkte die Hündin, sie umschlug das Feld und arbeitete langsam mit Rückenwind auf uns zu. Dadurch hielten die Hühner, bis wir Schützen heran waren. Das gleiche machte die Cita einst an einem dicht bewachsenen Bachlauf. Auch dort liefen die Fasanen vor uns her oder standen stets zu früh auf, sodass wir nicht zu Schuss kommen konnten. Da lief die Schlaue, ohne dass ich einen Befehl geben musste, in weitem Bogen voraus und arbeitete dann langsam zu uns her. Auch hier waren meine Schützen sprachlos über diese, ja, man kann es nicht anders sagen, „Kopfarbeit“.

Die anstrengendste Arbeit hatte sie in den vielen Krautfeldern. Im Herbst waren die Weißkrautköpfe so groß, dass die Hündin entweder drüberspringen oder sich dazwischen durchwinden musste. Hier war der Hundearbeit eine Grenze gesetzt. Oft mussten wir eine Pause einlegen, damit sie sich erholen konnte. Zum Glück gab es immer wieder Wasserläufe, doch Schüssel und Wasserflasche gehörten zur Ausrüstung des Hundeführers.

Manchmal strich hoch über unsere Köpfe Birkwild. Ich musste meine Schützen manchmal bremsen, das Feuer auf die ihnen am Flugbild unbekannten Vögel zu eröffnen. Damals gab es in diesem Landkreis noch Birkwild. Der Jagdherr hatte in jener Zeit jedes Jahr einen Hahn frei, den er aber niemals erlegte. Er sah das Ende des Besatzes kommen und wollte nicht derjenige sein, der den letzten Hahn geschossen hatte. Die Birkhühner waren zumeist im angrenzenden Revier heimisch. Dessen Biotop glich einer nordischen Birken- und Heidekraut-Landschaft. Auch Rotwild war und ist noch heute dort zu finden.

Einer der bevorzugten Gäste war ein Herr aus dem Hochadel. Er nannte sich Prinz von und zu … Beim morgendlichen Zusammentreffen bat er stets den Gastgeber, dass er in meine Gruppe käme. Das wäre einmal beinahe tragisch ausgegangen.

Es war schon später Vormittag, unsere Hühnergalgen baumelten bereits schwer behangen am Gürtel, und wir wollten noch ein Kartoffelfeld absuchen, bevor wir ausgiebige Rast machten.

Da zog die Cita nach kurzer Quersuche an und stand nach wenigen Metern fest vor. Meine Schützen standen schon in bester Schussentfernung, als ich voranging und eine starke Rebhuhnkette hochmachte. Auf die Schüsse fielen einige, doch ich sah, dass ein Huhn geständert war. Es strich mit dem Rest der Kette zu einem großen Krautfeld, wo sie einfielen.

Nachdem Cita die erlegten Hühner einzeln gesucht und apportiert hatte, beschlossen wir, das Krautfeld zu umstellen. Ich postierte uns vier Schützen seitlich an den Rändern des Feldes. Dann bat ich die Jäger, nur nach rückwärts oder extrem seitwärts zu schießen. Vor Jahren hatte ein schusshitziger Gast – auch dieser war ein Prominenter – meinen Bruder bei gleichen Umständen unter Feuer genommen.

Dann schickte ich die Hündin zur Suche in die Krautköpfe. Herr und Hund waren so aufeinander eingespielt, dass meist nur kleine Gesten genügten, um der Hündin zu zeigen, in welche Richtung sie suchen sollte. Eine Kopfbewegung genügte, oder ein kleiner Wink. Es war eine schwere Suche für sie, doch sie hatte guten Wind, und auf Zuruf stieß sie einige Vögel heraus. Als wieder ein Huhn aufstand und flach übers Feld strich, schoss der Prinz. Genau in meine Richtung. Es war wie ein Keulenhieb, als mich mit knallendem „prrrt“ seine Schrote trafen. Zum großen Glück hatte ich meine altbewährte Kurze an. Genau auf den Latz der Lederhose, wo dahinter des Mannes Wertstück verborgen ist, prasselte die Garbe auf.

Voller Wut rief ich: „Sind Sie verrückt geworden?! Jagd vorbei!“ Mit geöffneter Flinte ging ich zu ihm hinüber und kanzelte ihn ab, wie er es wohl noch nie gehört hatte. Meine Worte wird er sicher nie vergessen: „Ihre Leibjäger sind das wohl von Ihnen gewohnt. Bei uns herrschen aber schon längst andere Sitten!“ So oder ähnlich waren meine wütenden Worte.

Der Mann wurde ganz klein und stammelte unaufhörlich Entschuldigungsworte mit bittend erhobenen Händen. Er bat mich inständig, um Himmels Willen ja dem Gastgeber nichts zu erzählen.

Durch sein um Verzeihung heischendes Gewimmer war meine Wut komplett verraucht. Ja, ich amüsierte mich sogar ein wenig, wie dieser sonst arrogante Mensch plötzlich freundlich geworden war.

Die anderen Mitjäger bat ich, das Geschehene dem Jagdherrn nicht zu erzählen. Wir hätten die Sache bereits unter uns erledigt.

An der Lederhose waren nur kleine graue Punkte zu sehen, das Hirschleder widersteht zum Glück Schrot Nr. 7.

Die alte Lederhose

Wie's weiterging? Nachdem die Cita sorgfältig das Feld abgesucht hatte, brachte sie auch ein Huhn. Es war offenbar das zuvor angeschossene, denn ein Ständer war sichtbar zerbrochen. Auch hatte das Tier wohl noch weitere Schrote abbekommen, denn als die Cita es aufnahm, war es schon verendet.

Dem Meisterschützen war sichtlich die Lust zum Weiterjagen vergangen. Er fühlte sich in seinem Ansehen so verletzt, dass er schon am Mittag abreiste. Er hätte wichtige Termine.

Nach einigen Tagen bekam ich einen Brief mit einem edel geprägten Wappen des Absenders. Darin war eine Einladung zur Gamsjagd im Revier meines Edelmanns enthalten. Es wurden wunderbare Tage. Doch das ist eine andere Geschichte.

Aber eine besonders nette Geste im Zusammenhang mit dieser Geschichte muss ich noch hinzufügen: Meine liebe Frau nahm sich meine Lederhose vor und als Dank für ihren Schatz-Schutz malte sie ein wunderschönes Aquarell davon.

Zu guter Letzt

Nach all den Jagdgängen in diesem Buch, bei denen Sie, liebe Leserinnen und Leser, mich voll Interesse begleitet haben, möchte ich Sie noch auf einen meiner liebsten Berggänge mitnehmen.

Vom Jagdhaus in der Birgsau führt der Weg ins hintere Tal. An der Wildfütterung Alpe Eschbach vorbei gabelt sich die Straße, und der linke Weg führt hinauf nach Einödsbach, der südlichsten Ansiedlung unseres Landes. Kurz vor dem Abzweig verlassen wir die Straße. Hier geht's über die Stiegemne hinauf zur südlichen Schulter des Schmalhorns. Die Stiegemne, die „Steigebene", was jedoch sehr nüchtern klingt, ist ein unbewaldeter, breiter Hang. Heute liegt nur eine dünne Schneedecke, und das Gehen ist weniger mühevoll. Reichlich kreuzen wir Fährten, die Richtung Fütterung führen. Meine Silva geht frei neben mir her. Ab und zu steckt sie ihre Nase in eine Fährte, als ob sie prüfen möchte, ob das Stück wirklich gesund ist. Sie ist lang über die Flegeljahre hinaus, wo sie jedes Wild lauthals verfolgen wollte. Nun schaut sie mich beim Anblick unverhofft auftauchenden Wildes nur fragend an.

Von Zeit zu Zeit drehe ich mich um und schaue nach rückwärts auf die jenseitigen Berge. Nach und nach, mit wachsender Höhe, tauchen dort drüben unzählige Stätten wunderbarer Erlebnisse auf. Neben der talnahen Brünst, wo mich ein erlegter Hirsch einst beim Liefern unter sich begrub, wird der Blick frei auf Höhen voll dichter Begebenheiten. Wo, außer im Gebirge, hat man so einen bereichernden Überblick?

Ich habe noch einen Gams frei, und immer noch spukt in meinem Hinterkopf der Bock, den ich vor Wochen im engen Tal hinter Einödsbach gesehen hatte. Die Brunft ist zwar schon vorbei, aber es könnte ja sein, dass noch einer umeinander sucht.

Nach steilem und schweißtreibendem Aufstieg sind wir auf dem Bergsattel, von dem aus unsere Pirsch hinab zum Bacherloch geht. Dies ist ein schmales Flusstal, begrenzt von steilen Hängen. Nur ein schmaler Steig führt oberhalb des Baches ins hintere Tal bis zum Fuß von Trettach und Mädelegabel. In der Gegenrichtung kommt man nach kurzer Strecke in Einödsbach an. Dort wartet im Gasthaus Speis und Trank auf den Wanderer. Nach einem trockenen Sommer ist der Bach zurzeit nur ein kleines Rinnsal. Weiter unten im Tal vereinigt er sich mit dem Rappenalpbach und kurz darauf mit der Stillach. Zur Zeit der Schneeschmelze schwillt das Bächlein wild an und tost schäumend zu Tal. Der jenseitige Berghang zieht sich extrem steil hinauf zum Bockkarkopf. Hier steht oft Gams- und sogar Steinwild. Doch mit der Erlegung muss man sich zügeln, denn der darauffolgende, haltlose Absturz würde Wildbret und Krucke zerstören.

Hier, auf dem Sattel angelangt, suchen wir uns einen Platz zum Verschnaufen. Der Blick geht hinüber zu den schroffen Silhouetten von Trettach, Mädelegabel und Hochfrottspitze. Hier möchte man stundenlang sitzen und schauen, denn dieses Bergpanorama ist in seiner Dichte wohl einmalig.

Jetzt steigen wir aber langsam hinunter zum Steig oberhalb des Bachs und weiter ins hintere Tal.

Den Bock hatte ich in der Hirschbrunft weit oben im seitlich abzweigenden Hölltobel entdeckt. Dort war er nicht anzugehen, er hätte den deckungslosen Jäger zu bald eräugt. Meine Hoffnung, dass er auch einmal weiter heraußen stehen könnte, hat mich zum letzten Gang für heuer in dieses abgelegene Paradies geführt. Hier wird wahr, was ein Weiser sagte: „Das Paradies liegt nicht im Jenseits, es liegt im Abseits."

Viele schmale Gräben der in die Höhe führenden Bergeinschnitte unterbrechen den Steig. Immer wieder tief hinunter und drüben wieder hinauf zum Weg. Auch hier ist schon Vorsicht angesagt, denn in den seitlichen Schluchten kann jederzeit Wild stehen, dem man nun deckungslos begegnen würde. Die Gams sind nach der Sommersaison durchaus an Wanderer gewohnt, doch ein langsam schleichender Mensch, dazu noch mit Hund, ist besonders den älteren Gams verdächtig.

Vor uns wird es nun spannend. Ein von Latschen dicht bestandener Kopf schließt sich an den nach links führenden Hölltobel an. Steile Hänge, die dicht mit Gras bewachsen sind, bieten beste Äsung mit anschließender Deckung in den Latschen.

Hier hatte ich vor Jahren eine uralte Gamsgeiß, die sichernd mitten auf dem Latschenkopf stand, erlegt. Hier könnte doch auch heute …

Wie ich gerade so vor mich hinspinne, entdecke ich eine Bewegung im dicht verschneiten Latschenmeer. Ein am Wegrand aufragender Felsblock bietet schnell Deckung. Hingehockt! Spektiv ausgezogen! Irgendwann wird sich hoffentlich das schwarze Schemen zeigen. Der Hund darf sich neben mich auf den Lodenkotzen setzen, denn es könnte ja lange dauern. Diesseits des Latschenkopfs taucht nach wenigen Minuten eine Geiß mit Kitz auf. Sie schlagen mit den Läufen den Schnee weg, um an die Gräser zu kommen. Rauschend rieselt das Weiß zu Tal. Doch da – jenseits des grünen Kopfs – ein Gams. Im Spektiv sehe ich: Bock. Und als er breit steht, den langen Zopf des Pinsels. Auch nach der kantigen Figur und dem angedeuteten Senkrücken passt er. Doch es ist sakrisch weit, selbst für meine schnelle 243er.

Es gibt aber keine Möglichkeit, näher hinzukommen. Die Geiß würde mit warnendem Pfeifen abspringen und den Herrn da jenseits auch mitnehmen. Nur so zur Probe suche ich mit schräg in den Boden gerammtem Bergstecken eine gute Auflage. Das schaut gar nicht so schlecht aus! Nun lege ich mir noch als Armstütze den Rucksack unter und gehe – nur probeweise – ins Ziel. Im Glas schaut es zu verlockend aus. Die vertraute Silhouette erscheint im sechsfachen Zielfernrohr groß genug für einen sicheren Schuss. Jetzt gilt's! Wie automatisch eingestochen und eine Winzigkeit höher ins Blatt gefahren. Ruhig steht der Stachel! Im Knall wirft es den Bock zusammen, und ehe das Echo grollend durchs Tal gerauscht ist, ist er auch schon auf dem steilen Schneehang in die Tiefe hinuntergeschlittelt! Sakra! Jetzt klopft aber das Jagdfieber, dass es in den Ohren rauscht. Ging das schnell. Das nenne ich Glück, ich kann's kaum fassen. Selig umarme ich meinen Hund. Wie oft war ich hier voller Erwartungen, bin dann nach langer Pirsch mit blankem Lauf, doch vollem Herzen wieder heimgegangen. Und nun ging's ganz leicht, ganz schnell, in beinah letzter Stunde…Es muss halt „mögen".

Glücklich raffen wir uns auf. Gehen weiter bis hinter den Latschenkopf. Da sehen wir schon die rote Rutschbahn, und dort, kurz vor dem Steig, liegt der Bock. Als ich ihn auf den Weg ziehe, kann ich mich in Ruhe an meiner Beute erfreuen. Die Jahresringe zeigen zehn, elf, zwölf, dreizehn Jahre. Die Krucke ist enggestellt, aber mit starken Schläuchen und gutem Hakel. Zudem hat er trotz hohem Alter auch noch einen ganz beachtlichen Bart. So ein Massel! Ich kann's immer noch kaum glauben. Es ist zwar nicht der erträumte von vor der Hirschbrunft, doch das ist völlig nebensächlich.

Also den muss ich gleich, noch bevor ich ihn aufbreche und solange er noch warm ist, rupfen. Im Rucksack ist, nicht gerade zufällig, eine alte Jagdzeitung. Die kommt nun zu hohen Ehren. Büschel auf Büschel, Seite auf Seite füllt sich das Magazin. Endlich mal was G'scheits in der Jagdzeitung!

Nach dem Aufbrechen kriegt der Hund auch seinen kleinen Anteil als Belohnung für ruhiges Zuschauen. Dann kraxle ich noch hinauf zu den Latschen, um einen schönen Bruch für Wild und Erleger zu holen. Es ist nun auch Zeit, wieder heimzugehen. Mit Bartrupfen, Aufbrechen und dann genussvollem Niedersitzen ist es langsam dämmrig geworden. Den Bock hänge ich an den Bergestrick, auf dem ebenen Steig, noch dazu, wo es leicht wieder bergab geht, gleitet der Erlegte fast mühelos auf dem Schnee dahin. Aber jetzt kommt die Plackerei. Immer wieder muss ich wie beim Herweg über die hundsgemein tiefen und steilen Einschnitte drüber. Da kann ich nicht schleifen, da muss ich mir den Bock aufbuckeln. Bald muss ich mir die warme Joppe in den Rucksack stecken.

Der Weg heimzu kann nun nicht derselbe wie der Herweg sein. Jetzt muss es unten herum über Einödsbach gehen. Den Bock kann ich bald nicht mehr schleifen, denn der Untergund erlaubt es nicht. Also Aufbuckeln, über den Rucksack gehängt. Jetzt denke ich an frühere Touren, wo der liebe Bernd, unser Berufsjäger dabei war. Der wurde sogar grantig, wenn ich ihm zur Abwechslung die Last eines erlegten Wilds abnehmen wollte. Und dieser Bock ist selbst nach der Brunft noch sakrisch schwer. So schwer, dass ich oftmals absetzen und ein Päusle einlegen muss. Ja, lieber Jäger, denke ich mir, schießen ist leicht. Aber dann … Das gehört halt zur Bergjagd. Hernach, wenn ich die feinen Krucken an der Gehörnwand anschaue, denke ich immer wieder ein wenig dran, wie ich mich damals geplagt habe.

Bis wir vor Einödsbach angekommen sind, ist es Nacht geworden. Am Himmelszelt, das von keinem Kunstlicht gestört wird, funkeln blank die Sterne, und mein Glücksbringer Orion grüßt mich strahlend im Süden. In der Gastwirtschaft ist bereits alles finster. Die Wirtschaft ist zurzeit eh geschlossen, aber auch aus den Fenstern der Wohnräume scheint kein Licht. Also kann ich auch nicht meine Frau im Jagdhaus anrufen, dass sie uns holen kommt. Fürs Handy gibt's hier heroben kein Netz. Drum lege ich den Bock hinter einen Stadel, wo ich ihn später holen werde. Als er mir von den Schultern gleitet, habe ich das Gefühl, ich würde um 10 cm wachsen. Ganz schön hat er mich gedruckt.

Es ist ein weiter Weg hinunter zur Talstraße, und dann noch weiter bis Birgsau ins Jagdhaus, leicht noch zehn Kilometer. Die Serpentinenstraße hinunter geht's wenigstens immer angenehm bergab. Kaum sind wir an der Straßengabelung, kommt aus dem hinteren Tal ein Auto. Das kann doch nur ein später Jäger sein. Das Auto hält, Bernd, der Berufsjäger, steigt aus, schaut mich und meinen Hut an.

„Und?"

„An guten Gams hab' i g'schoss'n. Komm, hilf mir, droben in Einödsbach wartet er auf uns."

Lachend umarmt und beglückwünscht mich der liebe Freund. Mit scherzender Geste hält er uns die Beifahrertür auf. Drinnen werden wir, vor allem die Silva, von ihrem Freund Grolli, der Steirischen Rauhaarbracke, begrüßt.

Jetzt ist alles kein Problem mehr mit dem Liefern. Welch ein Tag! Heut' haben wir Glück bis zu guter Letzt.

Aus unserem Programm

ISBN 978-3-7020-1696-8
2. Auflage

Aus unserem Programm

ISBN 978-3-7020-1236-6
6. Auflage

Aus unserem Programm

ISBN 978-3-7020-1173-4
7. Auflage